# 從格子間到掌櫃

## 不要一份工作做到老

吳璜◎著

原書名：炒老闆的魷魚——創業從辭掉第一份工作開始

編序

# 這樣一本鮮書

陳銘磻

根據國際勞工組織發佈的「二〇一〇年全球失業趨勢」報告顯示，截至二〇〇九年，全球的失業人口已接近兩億一千二百萬人，創下該組織自一九九一年開始統計該項數據以來的最高記錄。

失業，意味著未獲得任何有薪工作的狀態，也就是沒有工作、沒有經濟來源，緊接著，便是生活陷入困境，人生開始產生惡質的變化；在經濟學理論的範疇中，一個人願意並有能力為獲取報酬而工作，但尚未找到工作，或還未找到合適己願的工作情況，就被認為是失業。

失業發生的可能因素，學者界定有：摩擦性失業、結構性失業、長期失業、週期性失業、季節性失業等，但有更多人是因為社會經濟蕭條，公司行號縮編人事，導致被裁員、遣散、解雇，一時成為「失業人口」。

沒有工作、失去經濟來源，就意含著無法與共存的社會聯繫、喪失生活目標、自尊心受損、生活遭逢壓力、人生面臨瓦解的恐懼狀態，嚴重者易生精神疾病；尤其對那些具有擔負家庭責任、積欠債務和需要龐大醫療支出的人來說，失業，無疑像是面臨死神脅迫一般的令人感到恐慌無助。尤有甚者，失業引起的壓力，更可能造成家庭暴力、婚姻失和的導火線，乃至於加重犯罪率和自殺率的比重。

長久以來，失業成為許多人的夢魘。

然而，沒有工作並不真正代表人生走進絕境，被解雇炒魷魚也未必表示生活沒有希望。絕境或希望，只存在於有心創造和無心尋找的念頭和勇氣罷了！

有人被公司解雇後，憑藉毅力和能力找到更好的職場；有人初入社會，卻依恃「初生之犢不畏虎」的精神，很快找到一份合意的工作；相對而言，有更多人工作不穩定，一年三百六十五天經常換老闆；或者怎麼上山下海都找不到一份工作。

綜觀當前台灣失業人口的高比率，以及失業現象，你目前是屬於眾多失業者的那一群人嗎？或者，你正處於「有危機意識」的薪水一族呢？無論失業的原因為何？被炒魷魚的理由又是怎樣？失業並不可怕，更不是人生最悲哀的事；有智慧的人將失業視為人生的另一轉機，或轉業，或跳槽，或改行自我創業，闖蕩出另一片天空。

由是，這一本《從格子間到掌櫃》的鮮書，作者藉由曾經淪落在失業困境的苦痛，以過來人的體會，將失業時的茫無頭緒，直到創業為自己打造人生第一桶金的經驗，詳盡記錄，為想要對失業有所突破的人，提供如何轉業和創業的有效捷徑，值得細讀。

# 前言

# 失業，不是人生最悲哀的事

吳璜

畢業形同失業嗎？

被公司炒鱿魚就如同被從人生判出局嗎？

沒有高學歷就成不了大器嗎？

沒有資金就做不成生意嗎？

沒有人脈資源便成就不了大事業嗎？

No！No！No！人生沒有什麼是絕對的，待業或失業，正是創業的好時機。

在職場中被排擠、裁員或炒鱿魚的年輕人、中年人，總有機會重新躋身職場，開創屬於個人的一片天，現代人應對失業危機，必須開啟新思維、新創意，才能走進人生新途徑。

失業浪潮活像一場可怕海嘯席捲全世界，不斷衝擊現代人的生活。面對失業，是該徬徨絕望、哀怨痛苦、坐以待斃？還是祈望和等待新的就業機會？事實證明，等待或哀怨並非最好的辦法。要想跨越失業難關，不妨遵循創業就業論，走出「工作－失業－再工作－再失業」

的困境，加入創業行列，不但可以創造自我生存的機運，還可以為更多人帶來就業機會。

不管您是剛從工作崗位上被裁員辭退，還是待業、失業甚久，提醒您，從現在開始，了解創業、學習創業，為生活尋找出路，替將來做準備，都是勢在必行的事。

被炒魷魚導致失業又怎樣？人生無法重新來過，失業後反而可以重新出發，本書採行失業者痛苦和煎熬的實例典故，以及採取實務理論相輔相成的方式，穿插成功者的經驗和警語，詳盡分析什麼是真實的失業？失業的原因？什麼是創業？為什麼要在失業中創業？如何創業？做生意需要多少資金？開公司有多大把握等問題。

本書讓您了解失業並不可怕，失業的契機，正是給自己的潛能提供爆發性機會，實現夢想致勝的最佳佐證。

自主創業不用擔心沒有資金。一窮二白，可以借雞生蛋；資金少，可以做小買賣；缺少經驗，可以在自己熟悉的行業挖金。不是做不到，而是沒有去做，看準目標，搶先行動。記住，再怎麼困頓的年代都有人賺大錢。

本書分為八個單元，從失業現象到待業本質，從創業初期到穩定期，從成功案例到經驗心得，用深入淺出的語言，傳述失業後所經歷的全新創業天地。

這本書是失業者的寶典，更是創業者得心應手的智典，希望讀者從中借鑒智慧，不斷創新，突破現狀，讓霉運變傳奇。

# 目錄

Chapter1

## 三杯雞啟示錄

# 被「炒」，反而可以重新來過

炒香醬料，然後……，眾多料理技巧；炒，不過是手藝，但對於三杯雞而言，炒，只是開始，最後卻能成為宴席上最受歡迎的一道菜餚。被炒魷魚，失業了，對你來說，其實正是輝煌人生的開始。

# 你要像溫水裡的青蛙，死得那麼難看嗎？

不管你是金領白領階層，還是粉領藍領階層，幾乎每個人都需要工作。無論你在哪個國家、哪家公司上班，猝不及防的失業風暴，都將成為隨時隨地必須面臨的危機。

工作餬口，不僅是如何完成任務，還包括更重要的一部分——可能失業。什麼是失業？簡單地說，就是生活失去工作支撐，沒有薪水來源，變得吃喝不保，前景黯淡。

二〇〇八年以來，金融危機的強烈風暴衝擊全世界，有些人被迫離開工作幾年甚至十幾年，有些人的薪資降低，勉強度日，不得不考慮新的經濟來源。在這場風暴危機中，有一位華爾街著名的投資銀行家約蘇亞•珀斯基，他失業後六個月仍沒找到新工作，只好在胸前掛上寫著「本人嫻熟業務，畢業於麻省理工學院，現求一工作」的牌子，在紐約街頭「賣身」。

這樣的例子全球比比皆是，失業者的人數迅速膨脹。美國總統歐巴馬上任後，不得不解聘通用汽車的CEO瓦戈納，因為後者一口氣辭退了三萬多名員工。像他這樣，在自己失業前，讓成千上萬員工失業的老闆比比皆是。

現實如此殘酷，誰都有失業的可能。這是一場非常嚴峻的考驗，是關乎生存與否的考驗，約蘇亞•珀斯基成為失業名人後，曾接受某雜誌專訪時表示：「非常感謝大家對我的關注和支持，不過我最需要的還是一份工作。」

然而，失業已成事實，重新獲得一份工作談何容易！實際情況是，失業是誰都無法避免的，隨著經濟模式不斷更新，將會有越來越多的人離開原來的工作崗位，加入到失業大隊之中。這不再是一時的現象，很多人有可能永遠地失去為公司、為老闆服務的機會。

## 失業莫失意・奮力一躍，跳脫困境的啟示

十九世紀，美國康奈爾大學的研究人員，無意中將一隻試驗用的青蛙丟進沸騰的水裡，在這生死關頭，青蛙並沒有坐以待斃，而是奮力一躍，跳脫困境。這讓研究人員很感興趣，於是他們使用一個同樣大小的鐵鍋，在鍋裡放滿冷水，然後把那隻死裡逃生的青蛙放進鍋裡。接著，實驗人員偷偷在鍋底下用炭火慢慢加熱。青蛙不知道水溫正逐漸升高，反而快活地在水裡游來游去，享受意外的「溫暖」。

等到鍋裡的水溫升高到一定程度，青蛙已經無法忍受時，它意識到應該逃出去，不然會被活活燙死。可是一切都晚了。此時的青蛙渾身痠軟無力，癱瘓鍋底，根本沒有力氣動彈，更不要說奮力一躍了。可憐的牠自知無法逃生，只有躺在水裡默默等死，悲劇也由此發生。

美國著名歷史學家帕爾默和科爾頓說：工業革命是一次令人難以忍受的經歷，但是應該記住，低工資也好，婦女和童工的使用也好，失業的痛苦也好，都不是什麼新鮮的事情。所有這些都存在了好幾個世紀。

## 當家做自己・失業只是新事業的開始

### 1. 失業是常態

每個人都離不開現實環境，這個環境是怎樣的呢？它就像一鍋不斷加熱的水，是不斷改變的。從這方面講，每個人都是一隻青蛙，都在不斷感受水溫的變化。

既然改變是常態，那麼隨時隨地面臨失業也是常態。明白這個道理，就要從根本上杜絕青蛙的悲劇：消除惰性，增強危機意識和責任感。

### 2. 失業只是新事業的開始

失業只是失去一個工作，預示經濟來源暫時沒有著落。同時，一個工作的結束，也必定預示著另一個事業的開始。

失業率持續攀升的時代，尋找新工作困難，提醒你拓展思路：與其給人打工，不如嘗試自己當老闆！

或許你會說：「創業？這太難了！」

或許你會說：「創業？我是當老闆的料嗎？」

好將軍不一定是好士兵，好老闆不一定是好員工。人的潛能無限，需要激發、需要逼迫。如今，失去工作，別把自己逼進死角，這時，正是給自己潛能的激發提供機會。要緊緊抓住這個機會，迫使自己去創業、做老闆，才能實現致富的夢想。

## 職場一片天・以拓荒者的姿態跟失業共處

不管是金融危機，還是經濟運行良好，總有人面臨失去工作的時候，或者因為工作不如意，主動辭職，或者因為公司經營不善被迫離職。這些離開工作崗位的人，有一個共同的名稱—「失業者」，他們加入失業浪潮中，成為一支特殊的人群，他們如何謀生，已成為社會關注的問題。

傳統上講，失業者拼命尋求新的工作機會，這是就業問題。然而，重新就業不是件容易的事，這讓我們看到一個現實：無數失業者大量湧入新的職場，希望在職場一展宏圖。但是，生意場是失業者的理想天地嗎？

人類從誕生以後，便以拓荒者的姿態跟世界共處，待業或一時失業，無須沮喪灰心，為個人的職業謀求新創意，從一名日出而做，日落而息的工作者，到經濟蕭條被炒魷魚的失業者，再到一名忙不迭的生意人，這是創業的開始，也是開創個人新事業的過程。創業行動，可以迅速改變身處的窘困世界。

如果問大家，某項職業是如何產生的，很多人可能會覺得很奇怪：「這不是天生就有的嗎？」其實不然，職業是人創造的結果，是創業的結果。從謀生的角度看，將會發現，就業只能是被動的謀生手段，然而創業完全不同，這是積極人生的開拓之路。

從就業場域退出，躋身到商場，開創屬於個人的一片天，這是現代人應對失業危機的最佳途徑。

在美國，創業型就業已經成為經濟發展的主要動力，政府鼓勵創業，從而帶動就業增長率。

## 要做被殺的驢？還是奮起的馬？

失業是可怕的，從大處來說，將會影響人類發展的危機；從小處說，直接關係到個人的幸福指數。當無數失業者在生存路上掙扎時，社會問題就特別凸顯。當這一群人在爭取生存權時，必然會遭遇各種各樣的問題。

### 失業莫失意．敢於爭鬥的偉大氣魄

近期，日本年輕人忽然流行起閱讀昭和年間出版的小說—《蟹工船》，這本書是作者小林多喜二於一九二九年發表在全日本無產者藝術連盟的機關刊物《戰旗》雜誌上的小說。被認為是無產階級主義文學的代表作，全書描寫一群失業者、破產者和窮學生被騙到「蟹工船」上參加季節性捕蟹和製造罐頭的工農群眾，由於監工的迫害和非人性的勞動，勞動者意識抬頭，與監工展開一場你死我活的鬥爭；奮起抗爭的結果，一樣遭到鎮壓而失敗。這部作品的立意堅卓、筆鋒雄勁、語言生動，小林多喜二成功地把日本工人階級不畏強暴，敢於爭鬥的偉大氣魄躍然紙上。

這本書為什麼會突然流行起來？恐怕是連作者都想像不到的事，因為時代變化，當初這本書中宣傳的思想早已過時。可是不管時代如何變化，有個問題一直持續不斷地困擾著人們：失業。當前的日本，據統計，年收入不到二百萬日元的中青年人數，已經達到二千多萬，更可怕的是，其中有三分之一的青年隨時面臨被炒魷魚的危機。處於經濟蕭條的危機下，無數日本人從《蟹工船》中看到自己的影子，希望從中尋找到某些寄託。

通用電氣前 CEO 傑克・韋爾奇說：控制自己的命運，否則就會被別人控制。

## 當家做自己・從失業中創造自我生存的機運

### 1. 跳出失業火坑

誰都不希望失業，誰也不想面臨失業，可是誰都無法保障自己不失業。換句話說，失業隨時發生，做為一位工作者，該如何正確面對失業呢？是憤怒？是抱怨？還是自暴自棄？仔細想來，所有這些情緒都有可能發生在失業者身上，影響失業者的下一步行動。

所以說，情緒化地對待失業，是不正確、不理智的。這樣做的結果，只會讓自己鑽進失業火坑，成為失業的犧牲品。只有跳出失業的不良情緒，以積極的心態，勇敢地面對事實，才有可能擺脫失業的影響，踏上正確的人生之路。

### 2. 創業是奮起的標誌

如何擺脫失業的影響？美國人為此提出了創業就業論，鼓勵失業者走出「工作—失業—再工作—再失業」的火坑，加入創業行列，不但創造自我生存的機運，還可能為更多人帶來就業機會。

從這方面講，創業無疑是失業者新的開始，是奮起的機會。有一則寓言說，一匹馬和一頭驢是同事，牠們辛苦地運送貨物，卻遭受主人打罵。在一次工作中，牠們不幸受了傷，只能歇工。主人看到牠們沒有用處，還要白白吃掉不少草料，打算殺了牠們。馬與驢子探知主人的心思後，非常害怕。最後馬毅然地辭退工作，重新回到大草原，開創了屬於自己的一方天地。而驢子呢，苦苦哀求主人不要殺牠，並申請調換工作環境。可是在新的工作中，牠卻受傷摔斷腿，結果這次牠再也無法逃脫被殺的命運。

要做奮起的馬，還是被殺的驢？往往只在一念之間。

## 職場一片天・從失業到創業，這是很多人都在實踐的行動

從失業到創業，這是很多人都在實踐的行動。那麼，創業的思維是如何產生的呢？基於

以下幾方面原因：

首先，創業者可以自由支配自己。時間、精力是有限的，如果你正在一家公司或者某個單位工作，時間被安排滿滿的，怎麼可能抽出時間做自己的事業？

其次，創業者需要一個良好的環境。這裡所提的「環境」，除了社會環境、人文環境外，最重要的是經濟環境。只有穩定、健康的經濟環境，才可能為創業者提供良好的機會。當今社會經濟環境下，從國家、政府，到具體的部門、個體，都在鼓勵創業，為創業啟開綠燈。為什麼？因為創業可以解決就業壓力，是處理失業問題的最有效出路。

第三，創業是一種開拓性活動。做為個人來說，創業需要膽識和勇氣。

儘管創業思想的產生需要各種條件，但有一點必須承認，人類是在不斷創業中前進的。不管是心甘情願，還是被動無奈，創業都是一條發展的必經之路。這裡我們可以看出，在創業背後，有股巨大的力量推動著創業行為。

創業的第一刺激是「需要」，包括生存需要、發展需要、實現人生價值的需要。做為失業者，沒有哪一種刺激比生存更直接、更有力，所以選擇創業，是失業者非常迫切的決定。

除了生存，針對不同人群，還有更多的創業需要。比如生存問題解決了，可是想進一步發展，想實現個體獨立，贏取他人尊重，從而完善人生價值，這都是創業的需要，也是目標。

## 創業並不是一件特別的事

從失業走向創業，似乎為失業者打開了一扇放射光彩的窗戶，這扇窗子外面有一個充滿誘惑的理想世界。事實果真如此嗎？有人會說：「誰不想透過創業來開創美好的未來呢？可是創業並不是一件容易的事！」還有人會說：「到底要怎樣創業？湊幾個錢擺地攤算不算？」

### 失業莫失意 • 校工霍布代爾的失業啟示

霍布代爾是一位普通、勤懇的學校清潔工，在長達二十多年的時間裡，他像所有清潔工一樣，任勞任怨地工作，把份內的事做得十分出色。可以說，這樣的日子如果沒有任何意外，將會持續到他退休。

霍布代爾比較滿意自己的工作，儘管每週只有不到六英鎊薪資，但是這些錢對他來說，足夠支付各種開支，如果稍加節約，還會有一些積蓄。

就在霍布代爾一心一意工作，並認為自己的一生會如此度過時，命運之神出其不意地跟這位年過半百的清潔工開起了玩笑：學校裡來了一位年輕有為的新校長。「新官上任三把火」，這位校長先生上任伊始，針對學校的各種規章制度以及人員的安排進行全方位調整。他提出：「從今以後，學校的每位老師、員工必須在上下班時簽到。」看來，他想強調教職員工們的紀律問題。

一週的時間很快過去了。週五下午，校長先生檢查教職員執行簽名制的情況，讓他意外的是，在霍布代爾的名字後面一片空白。校長先生大惑不解，立即叫人請來霍布代爾：「所有教職員都要簽名，為什麼唯獨你不執行制度？你看看，這上面只有你一人沒有簽名！」

霍布代爾沒有看簽名本，只誠懇地回答：「對不起，校長先生，我知道這項新制度。」

「知道你還明知故犯？」校長先生的火氣更大了。

「我不是故意的。」霍布代爾趕緊接過話說：「真實情況是我不識字，我連自己的名字都不認識，更不會寫。所以無法完成你交代的任務。」

校長先生聽了這話，眼睛瞪得更大，他實在料想不到，堂堂一所中學，竟然還有文盲存在！這是多麼大的笑話，多麼不該發生的錯誤！校長直截了當說出心裡話：「做為一所有聲望，培育出許多優秀人才的中學，怎麼會有你這樣的文盲？真是太不應該了！你不該在這樣的機構工作，從今天起，你被解雇了。」

轉瞬間，霍布代爾成了失業者。他的心情像所有失業者一樣，特別難受：「怎麼辦？二十多年來我都在辛苦地做清潔工作，對其他事情一無所知，如今沒了工作，也沒了收入來源，接下來的日子該怎麼過？」

霍布代爾難過到了極點，甚至有了不想活下去的念頭，他把自己關在小屋裡，不吃不喝，直到深夜都沒有想好未來該怎麼辦。第二天一大早，飢腸轆轆的霍布代爾像平時一樣早早起床，按照慣例，他應該到附近香腸店購買早餐，可是他忽然想起，香腸店的女老闆前天去世了，香腸店關門了。真是禍不單行，霍布代爾有些惱恨：「哎，怎麼倒楣的事偏偏遇到一起了？」

香腸是霍布代爾最喜歡的食物，一年三百六十五天，哪天也離不開它。既然附近沒有人賣香腸，總不能從此戒掉香腸吧？霍布代爾想起了一個主意：「女老闆去世，我何不接管她的店鋪，繼續賣香腸呢？」原來，他不僅愛吃香腸，也熟悉做香腸的各種方法。就這樣，失業在家的霍布代爾利用手裡的一點積蓄頂下了香腸店，並根據自己的喜好將香腸加熱，推出麵包夾香腸的早餐。這種餐點很受歡迎，因此生意迅速爆紅起來。

隔年夏天，熱香腸逐漸不受歡迎了，這時霍布代爾又推出冷凍香腸，照樣吸引眾多顧客上門。經過一年發展，霍布代爾已經成為當地聞名的香腸商人，先後雇用了好幾位工人，開了兩家連鎖店，生意好得出奇。

如今走進社區，隨處可見「霍布代爾香腸」，這已經成為當地最著名的特色餐點。

美國媒體業鉅子泰德・特納說：我的兒子現在就是個「創業者」。當你沒有了工作，你就能被稱為「創業者」。

## 當家做自己・成功的起點始於失業

### 1. 失業是創業的開始

霍布代爾是位成功的創業者，他成功的起點始於失業。如果沒有失去工作，沒有被趕出學校，這位勤勞的清潔工依舊是清潔工，終生都沒有改變命運的機會。

感謝失業，是失業讓他想到了創業做生意，是失業讓他知道自己還有其他能力。

### 2. 創業並非特別的事

創業很特別嗎？不是的。創業就像一日三餐，非常簡單，也非常易行。霍布代爾的故事告訴我們：所謂創業，不過是從身邊最簡單的事情做起，開始過著跟以往不同的新生活。這種新生活不是憑空產生的，它來自於日常累積和日常習慣。

能否將這些司空見慣的東西變成新生活來源，這才是創業者最值得深思的問題。

## 職場一片天・失業者必須擺脫自卑心理，正視自我價值

提起創業，很多人都會頭大，因為「創業」二字，對大多數人來說，包含著創造事業、開拓未來等意義，是需要勇氣、魄力、膽識和資本。對於經歷過失敗的失業人士來說，這些字眼距離他們太遙遠了。換句話說，一位有勇氣、有魄力、有膽略、有資本的人，怎麼可能會失業？失業者，不都是些無能的、庸碌的人嗎？

首先，這個觀點極其錯誤。失業並不代表無能，更不代表失敗。霍布代爾失業了，並非他工作不勝任，而是校長的觀念問題。這一例子正好說明，失業與失敗沒有必然的關聯。實際上，在當今社會發展潮流下，失業是工作的必然狀態之一，多種多樣的因素都有可能導致一個人失去工作。所以，失業者必須擺脫自卑心理，正視自我價值。

其次，創業具有開創事業的意義，涵蓋面極廣，不僅包括經濟事業，還涉及政治、文化、藝術多個領域。可以說，人類進步的任何舉措，都可以稱得上創業。從創業的含義來看，創業具有開拓性、自主性、功利性三個方面的特點：

1. 開拓性：指創業者準備開始的事業，對他個人來說，是前所未有的，是嶄新的，並非

繼承他人的事業。所以說，創業者又被稱作開拓者、開創者。

2. 自主性：指創業者或者受生活逼迫、或者受某種理想感召，在沒有可以依賴的力量下，自主地走上開創事業的道路，透過打拼，營造一方屬於自己的天地。也就是說，創業者自己當家，自己做主，自力更生。

3. 功利性：指創業的目的，是創造和累積財富。對於大多數創業人來說，追求衣食無憂的生活是創業的初衷，正是這一美好願景，賦予無窮的創造動力。

也許是創業的特點，讓很多人望而生畏，產生「創業艱難」的想法。很多人認為自己缺乏開拓性、自主性，因此不具備創業素質。其實，新的事物就在人們身邊，只要善於發現、善於嘗試，一切都有新意。至於自主性，你可能從來沒有做過老闆，但你肯定有過自我工作的機會。既然是失業者，在從前的工作中就有獨立完成任務的機會，比如霍布代爾，他獨立承擔學校的清潔工作，而且二十多年都做得不錯。這就是自主性，任何一個人都具有的能力，只是你有沒有為它提供機會。

最後，做為一名失業者，要想創業，還要進一步瞭解創業議題。創業的形式多種多樣，既有個人創業，也有合作創業；既有國內創業，也有國外創業；既有傳統創業，也有現代創業；既有初次創業，也有繼續或者再創業，找到突破生活困境才是最佳途徑。

## 就業困難戶終於要自立了

創業的目的之一，是為解決就業問題，這是流行已久的「創業型就業」。為什麼這麼說呢？做為失業者，往往也是就業困難戶，因為他們原先具有的技能、學識、機會，可能已經遭到社會淘汰，比如紡織工人，他們掌握的技術早已過時，難以適應現代紡織業發展。這些人要想獲得新的工作機會，必須掌握新的技術。然而對於一位工作多年的紡織工人來說，掌握新技術也好，學習新理念也罷，都不是一天兩天的事，這無疑給他的生存帶來深重影響。

還有一種原因是經濟蕭條，造成大失業現象。經濟發展到一定程度，出現了大滑坡，通貨膨脹，貨物賣不出去，商家為了減少開支，被迫停產、減產，或者裁員。在這樣的經濟現象下，做為失業者，要想重新獲取一份新工作，難度可想而知。因為所有的公司都在裁員，都在壓縮開支，憑什麼雇用你？

上述兩種情況，是失業最常見的原因，不管你身處哪種環境，一旦失去工作，重新就業的機會就非常渺茫，註定要被戴上「就業困難戶」的帽子。那麼，除了創業，這時的你還有其他的路可走嗎？

## 失業莫失意・坐吃山空的啟示

嘉佑是家中的獨生子，父母的心肝寶貝，從小衣食無憂。大學畢業後，先後應聘到幾家公司上班。可是上班做事讓他產生反感，每樣工作都做不了一週，他喜歡抱怨：「這個工作太累了，太苦了，我做不了！」或者說：「上司太可惡了，故意刁難我！」總之，他每次都以這樣或那樣的理由辭職。

這種日子轉眼過去五年，嘉佑年近三十歲了，依然徘徊在就業邊緣，成為名副其實的「就業困難戶」。父母心疼嘉佑，不但不督促他工作，反而主動為其提供生活來源，拿出退休金供養他，還將辛苦積攢的兩間房子租出去一間，讓嘉佑收取租金，當零花錢。

嘉佑有了父母的支援，算得上沒有生存危機，因此更不用考慮工作的事。不過他的資金來源畢竟有限，容不得他大手筆花費。有一次，他參加同學聚會，有人聽說他目前的處境，不僅問道：「嘉佑，你將來準備怎麼辦？」

「將來？」嘉佑似乎胸有成竹，「就這樣過日子啊，還能怎麼樣？」

「坐吃山空！」那位同學忍不住說了一句。

> 現代管理學之父彼得・德魯克說：與其預測未來，不如創造未來。

## 當家做自己 • 任何行業都不是一塊永久性的大餅

像嘉佑這樣，長期處於無業狀態的人越來越多，為什麼會有這麼多就業困難戶呢？因為大多數人的思維都有慣性，認為一個人長大了，就要到某行業去工作、去掙錢。其實，任何行業都不是固有的，都不是一塊永久性的大餅。從謀生的角度講，就業是被動的，是缺乏保障的。而創業不同，既可以解決就業問題，還有可能為其他人創造就業機會。

因此，如果你是一名失業者，不妨這樣想：

1. 不要繼續沉迷於就業的幻想中。
2. 勇敢地面對創業，尋找創業良機。
3. 從現在開始，對自己大喊三聲：「我要創業、創業、創業。」

## 職場一片天 • 樹立獨立的個性，才可能擺脫失業的陰影

有「獨立」的心態，是創業的基礎。大多數失業者夢想的是如何尋求到新工作。這是一種錯誤的認識，是創業的第一阻力。

獨立心態是如何養成的？

首先，來自於個人的思維習慣。從現在起，每天對自己說：「我要成為一名創業者」，將會激發創業決心。

有了決心，還要有獨立思考的習慣，比如準備創業了，受到他人阻止怎麼辦？獨立是強者的表現，因此不管你的下一步如何進行，認為自己的想法是可行的，是偉大的。

其次，獨立的心態來自於日常行為習慣。一個事事依靠他人，「飯來張口，茶來伸手」的人，很難形成獨立的個性。嘉佑就是這種類型，他從小的生活經歷，被塑造成依賴父母的性格，因此很難想到如何去過一種新生活，甚至開創屬於自己的事業。

如果從小缺少獨立的習性，那麼從現在起，可以嘗試擺脫他人提供的種種生活資源，把自己逼到絕處，自然就會逼迫你找出生存的新道路。在現有環境下，餓死的人不多見，像故事中的嘉佑，如果拒絕父母提供的金援，也不致餓死，他必須積極主動地去尋找生存機會。

樹立獨立的個性，才可能擺脫失業的陰影，積極投身到創業浪潮中。說白了，就業之所以那麼難，就是大多數人把自己的生存壓力累積到另一個人、一家公司身上，寄希望於這個人、這家公司為自己提供工作機會。這是一種依賴的心態，是缺乏獨立精神的意念。相反，如果擺脫這種思維，不再等待他人供給機會，這時你的心態就會積極起來，也會主動起來，從而發現前景更開闊、光明。

## 問問天：我怎麼失業了？

也許你覺得自己不會失業，因為你工作能力強，與客戶關係良好，老闆非常器重你。就在幾個小時前，客戶還跟你密切通話，談論下一個訂單的問題。不過短短幾個小時後，你竟然被解雇，失去了工作！

### 失業莫失意 • 痛恨廉價貨的啟示

傑克是美國一家紡織公司的工人，幾年前公司倒閉了，上千員工失去工作，傑克也淪為失業行列成員之一。這些失業者的生活遭受巨大衝擊，面臨生存危機。媒體非常關注這些失業者，連續報導失業現象，並分析認為這跟傾銷有關。他們認為很多發展中國家以低薪聘用員工，進行低成本生產，製造大量低價格商品。這些商品進入美國市場後，影響當地商品價格極大，從而使得美國本土製造業受到牽連，結果紡織公司失去大量訂單，工人無活可做，只有被迫失去工作一途。

傑克和原來的同事非常認同這種觀點，認為是來自發展中國家的商品影響工作，因此他非常怨恨這些商品：「應該抵制傾銷，不要讓廉價貨影響我們的生活！」

傑克痛恨廉價貨，是不是真的就拒絕這些商品呢？現實情況耐人尋味，他們一面叫嚷著抵制廉價貨，可是一旦走進超市商場，又會很自然地選擇物美價廉的商品：「這些東西價格便宜，而且品質也不錯，為什麼不選購呢？」說來也是，誰都想少花錢多買東西。尤其是失業者，他們收入減少，更喜歡購買便宜貨。

幾年後，全球性金融危機爆發，來自發展中國家的訂單大量減少，這時傑克有沒有找到新工作呢？當然沒有。相反，隨著經濟環境不斷惡化，他的生活狀況面臨更大危機。

美國商業兼教育作家沃倫・本尼斯說：未來世界的工廠裡只需要兩名員工：一個人和一條狗。人的工作是餵狗，而狗的職責則是防止這個人去碰觸廠裡的電腦。

## 當家做自己・反問自己：「為什麼會失業？」

從失業中學會的第一件事，就是反問「為什麼會失業？」這是很多人的作為，他們喜歡反思，認為有助於人生路的發展。反思是一種好習慣，但是對於盛行於世的「失業潮」，作用似乎不大。縱觀世界各國的失業現象，這不僅僅是個人的原因，很大程度上是社會發展的結果，是不可避免的事情。

## 職場一片天 • 「摩擦性失業」最容易尋求到新的工作機會

從華爾街的菁英，到落後地區以血汗營運工廠的勞工，誰能保證自己不會失去工作？英國《泰晤士報》稱：「二〇〇九年一月二十六日是自金融危機爆發以來最黑暗的日子。」這一天，全球超過十萬人失去工作。美國 AMD 公司、荷蘭飛利浦公司、英國科魯斯鋼鐵集團公司、羅馬尼亞第二大化肥生產商、菲亞特旗下的馬瑞利公司……等知名企業，像競賽一樣，紛紛向員工下發失業通知。

每次金融風暴的爆裂，最直接遭殃的就是員工的飯碗。這種失業現象是最顯著的經濟蕭條，又被稱為「週期性失業」。它是經濟發展的雙胞胎，不請自來，覬覦人類的財富，留下失業和貧窮做為禮物。

「週期性失業」是最嚴重的失業現象，波及面廣、失業率高、危害性大。與這種失業抗爭，不是一兩個人的事，也不是一兩個國家的事。身處這種環境下，個人的反思再好，對於改善就業有多少幫助呢？

除了「週期性失業」外，由於供需雙方資訊失誤或由於技術進步引發產業結構調整，都有可能造成失業，前者叫做「摩擦性失業」，後者簡稱「結構性失業」。摩擦性失業是短期的，比如工作能力與職位不符，與上司關係不和，都可能造成失業。結構性失業影響層面會更大一些，特別是發展中國家，由於各種行業不斷進步變化，必定造成很多人失去原來工作。而且這些人因為缺乏適應社會發展的技能，很難繼續找到新工作。

在華語圈裡，對於失業者的稱呼，被叫做「炒魷魚」，用來形容被解雇的人。這一說法的來歷是這樣的：從前廣東和香港是商業發展較早的地區，內地人喜歡到這裡打工。當時雇主多提供食宿，雇工只需要帶著輕便的包袱，一床棉被，或者一張蓆子，就能落戶安身。一旦雇主開除雇工時，雇工沒有其他財物，只要捲起棉被或者蓆子，打起簡便包裹，就可以走人。這種動作被稱作「執包袱」，又叫「炒魷魚」。因為廣東有道菜「炒魷魚」，就是炒魷魚片，當魷魚快要炒熟時，就會捲成一卷，很像那些捲舖蓋「走路」的雇工。

有趣的是，英語中的解雇，也與漢語有著異曲同工之妙。英文中包袱為「sack」，這個詞做為動詞，正是「解雇」的意思。

在這些失業者中，「摩擦性失業」最容易尋求到新的工作機會。與上司不和，換個上司問題就解決了；業務不熟練，換個工作可能更適合自己。可是現實很殘酷，更多時候，你會像故事中的傑克一樣，莫名其妙地失去飯碗。傑克看到了廉價商品的衝擊，但他不知道這是全球工業發展的必然結果。

有句話說得好：「失去土地，是失業的開始。」工業社會的最大特點，就是城市化，城市化的結果，使無數人失去土地，成為工作的「機器」。當經濟運轉不靈時，這些「機器」就不能正常工作，也就產生了一系列問題。至於其中的深奧原理，不是一兩句話可以說清楚，更不是失業者需要搞清楚的，他們想的，只是如何解決生存問題。

所以，當你失業了，當你仰望天際試圖追問：「我怎麼失業啦？」倒不如從現在開始，腳踏實地邁出第一步：創業。

## 問問地：想到創業可能失敗，沒勇氣邁出第一步怎麼辦？

既然失業不可避免，隨時隨地都會影響生計，倒不如主動創業。想到這一點，幾乎所有人同時想到失敗，於是搖搖頭：「不是不想創業，我……我真的缺乏勇氣，不知道怎麼邁出第一步？」

## 失業莫失意‧愛美女人網的啟示

小寧大學畢業後，費盡精力找到一份工作，條件還算不差。上班後，小寧很快發現自己所學的知識與工作能用到的差距很大。她是電腦軟體專業的高材生，現在卻擔任辦公室祕書工作，每天的具體任務就是接待來訪客人、整理檔案，或者起草幾份計劃書、報告書。

這樣的工作並非小寧的理想，自從選擇電腦業，她的願望就是能夠發揮專業特長，創造一片屬於自己的事業天空。可是，瑣瑣碎碎的祕書工作並沒有給她任何成就感。漸漸地，這種想法越來越強烈，讓她產生了一個大膽的念頭：辭職，自己去創業。

在就業如此困難的今天，像小寧這樣擁有一份固定工作實屬不易，沒想到她卻想放棄工作，主動做一名「失業者」。媽媽聽說了她的想法後，非常生氣：「妳這個孩子太異想天開了，創業？那是妳能做的事嗎？」

「為什麼我不能做？」小寧反問。

媽媽為了勸阻小寧，耐住性子為她分析：「創業不是一句話的事。你想想，創業需要資金，需要人脈，還需要選擇專案、投入精力，妳一個女孩子，哪能應付這麼多事？」

小寧聽了媽媽的話，胸有成竹地說：「妳放心，我想創辦一個女性專業網站。我有電腦軟體方面的專業特長，技術熟練，這方面的人脈也比較多，能夠應付過來。」

為了說服媽媽，小寧為她講述網站的種種知識，為她分析創辦網站的前景，並且向她展示自己的專業特長。皇天不負苦心人，小寧的專業態度感動了媽媽，最終媽媽支持她創業，賣掉她們的房產，為女兒提供啟動創業的資金。

母女二人的行為引來親朋好友的不理解，特別是小寧媽媽的好友們，都指責她：「妳這是冒險，是支持孩子做錯事，將來會後悔。」面對這些壓力，小寧沒有動搖，沒有放棄，她勇敢地走在創業路上，創辦了「愛美女人網」。

經過兩年的不斷努力，「愛美女人網」瀏覽量持續增長。二〇〇九年底，該網站獲得了最佳成長網站獎，成為該地區最受歡迎的網站之一。

小寧成功了，這時不少人開始誇獎她：「有膽識，有能力」，並向她打聽創業的祕訣。每次小寧都會說：「我行，你們也一定能行。我沒有什麼經驗和祕訣，我想每個人都有理想、有願望，嘗試朝理想走，就是走向成功。現在很多人不敢冒險，連嘗試一下都不敢，那麼成功就永遠不可能實現。我媽媽賣掉房子支持我，我們已經沒有退路，只有往前拼命一途。還是那句話『機會只留給有準備的人。』你準備好了創業，就會有機會成功。」

Mrs.Fields 西餅店創始人黛比・費爾茲說：重要的並不是害怕冒險。記住，最大的失敗是壓根就不去嘗試。一旦發現自己喜歡做的事情，最好的選擇就是立刻去做。

## 當家做自己・立刻去做，就是邁出創業的第一步

1. 第一步其實很平常。想到了立刻去做，就是邁出第一步，事情就是這麼簡單。
2. 如何邁出第一步？畢竟是「第一步」，是開始，就得像學步的孩子一樣，邁出這一步很難。不妨放空自己的大腦，什麼都不想，只想著我就要這麼走下去，第一步自然而然邁出去了。可以讀些成功者的書，模仿他們，以他們為榜樣，給自己動力。還可以從簡單開始，

從最熟悉的地方入手，這樣更容易邁出第一步。

## 職場一片天・世界不缺錢，缺錢的人大都缺少勇氣

勇氣是職場不可缺少的能量，沒有勇氣就沒有決心，就不敢創業。勇氣是無價的，從創業角度講，只有將資金不停地流動，才會產生利潤。如果沒有足夠的勇氣，不敢去投資，不敢去創業，捂緊口袋過日子，資金停留的時間越長，流動越緩慢，賺錢的可能性就越小。

除了從思維上、信念上自我鼓勵，給自己勇氣外，從職場來看，有哪些具體的方法可以提高膽識，成功邁出創業第一步？

首先，金錢不會主動找上門，要想有勇氣，就要有夢想。股神巴菲特在股市六千點的時候，會幻想一萬點，正是這種常人不敢夢想的夢想，促使他在危機時，總是以最快的速度和最低的價格去購買績優股，他知道世界不缺錢，缺錢的人大都缺少勇氣。

其次，要想有創業的勇氣，就要有勇於追求財富的信心。現實生活中，我們看到富人永遠是少數，窮人永遠是多數，這是為什麼呢？很簡單，這是上天制訂的規則。上天給了每個人生命，同時賦予他生存的能力，可是只有少數人能夠將能力轉化為財富，大多數人沒有信心去行動。在失業面前，不是還有大多數人幻想重新就業，靠微薄的薪水度日嗎？能夠掙脫

就業的思想牢籠，大膽創業做老闆的人又有幾個？

當然，勇氣是創業的動力，可是勇氣不是蠻幹，不是毫無原則地冒險。如果認為心一橫，就會創業成功，是極不負責任的。所以從有了創業想法的那一刻起，應該從各方面了解自己，推銷自己：

1. 自己具備有哪些方面的特長和基本功？這是選擇創業方向的基礎，如果你是位廚師，對電腦業一竅不通，卻想著創辦網站，這種情況下，你捫心自問能有多大勝算？事實證明，自己不熟悉、不感興趣的領域，是很難有所成就的。

2. 了解自我，會給自己更大的信心和勇氣，也會利於自我推銷。創業做老闆，一開始做的不是企業、不是產品、不是公司，而是自己，比如你創業經營保健品，大家要不要購買？最初階段取決於你，而不是產品。如果大家不相信你，再好的產品也不會有人買。

3. 對自我的了解和推銷，有利於準確地選擇創業的行業，尋求合作夥伴，以及尋找資金來源。是與人共同創業還是單打獨鬥？創業需要多少錢？如何籌措這些資金？都是創業的大問題，如果能夠清晰地解決這些問題，很多人的信心會成倍數增長，也就敢於邁出創業第一步。

4. 了解創業氛圍，考察各種創業專案，並且多與相關人士交流，弄清楚每個項目的特點、發展空間、是否適合自己、具體操作過程等內容，做到心中有數，才能邁出踏實有力的第一步。

5. 清楚創業做老闆意味著什麼，清楚每項事業的結果不外乎兩種：成功或者失敗。當你被失敗嚇住時，多想想成功，用成功的榮耀激勵自己，這種鼓舞效果極佳。

不管怎麼樣，從失業到創業，邁出這一步，都是值得誇耀的。誰都知道，創業做老闆，離不開資金支持，不管生意是大是小，都需要一定的投資。

## 問問老闆：想創辦公司但不知要花多少錢？

從失業者到創業當老闆，離不開一個字：錢。再小的生意也需要投資，資金可多可少，風險可高可低，這是擺在創業者面前的頭等大事。一輛美食車，可以開始創業餐飲；一座豪華的賓館餐廳，也可以成為餐飲創業的起點。開創一番事業，究竟需要投入多少資金？對於普通的上班族來說，投資就像一頭霧水，十分迷茫。

### 失業莫失意・社區日式咖啡屋的啟示

小S是位年輕漂亮的美女，工作兩年來，先後換了四、五份工作，卻沒有一份工作堅持下來。這倒不是她眼高手低，做事不利，而是由於公司經營不善關門大吉，或者職位與她本身能力相差較大，她雖然盡心盡力，總是做不好。就這樣，半年前她又一次離開工作崗位，淪入失業行列之中。

這次，小S有了新想法：與其這樣三番五次地就業找工作，看人眼色過日子，還不如創辦自己的事業。兩年來，她工作之餘常常和姐妹們到咖啡屋消遣，在那裡，她不免想起在國外留學時，歐洲品牌咖啡屋的模式，並對女伴感歎：「我們應該經營一家歐洲品牌咖啡屋，肯定會很火紅。」

如今，小S再次失業，不由想起經營歐洲品牌咖啡屋的打算，於是聯繫到幾位姐妹，對她們說出這個計劃。姐妹們很興奮：「好啊！好啊！，我們都支持妳。」有的表示願意出資，有的表示願意到咖啡屋幫忙，總之，大家情緒高漲，似乎看到了生意興隆的歐洲品牌咖啡屋開張的熱絡場面。

有了人和財力的支持，小S很高興，開始聯繫店面、品牌，並且積極籌集資金。過程中，她逐漸認識到一個大問題：品牌咖啡屋加盟費用較高，資金投入遠遠超出原先的設想。如果按照目前情況走下去，估計籌集到的資金剛好夠加盟費，那麼店鋪租金、裝修、員工薪水，各方面資金都不能準時到位。就是說，自己能夠支配的錢根本不能保障咖啡屋運行！

小S有些心灰意冷，想想已經籌集到的資金，還要承擔一定比例的利息，要是咖啡屋做不起來，必定是一次虧本行動。她百般苦惱，不知如何做下去，這時，有位姐妹了解到她的情況，建議說：「做不了歐洲品牌，可以做日式品牌，或者韓式品牌。聽說這些品牌的咖啡屋也很流行，價位低，模式簡單，很適合在辦公區經營。」

一語驚醒夢中人，小S立刻掉轉方向，專心研究起日式品牌咖啡屋，並在自己工作過的辦公大樓區租下一間小小的店面。過沒多久，咖啡屋開業了，咖啡價格便宜，還有外賣。小咖啡屋吸引了辦公樓裡的眾多工作人員，他們喜歡邀請客戶到咖啡屋小坐，顯得高雅有情調；工作勞累時，他們也願意買一杯現磨的外賣咖啡，在細細品嘗的同時，心情瞬間愉悅起來；有時候還可以親臨咖啡屋，等候沖泡咖啡，點上一兩款點心，這些過程是一種享受。

不用說，小S的咖啡屋生意越來越好，在她精心管理下，成為辦公大樓區一大特色。

> Atari創始人、電子遊戲機之父諾蘭・布希內爾說：很多人都有創意，但沒幾個人會立刻付諸實施。真正的創業者是實行家，而不是夢想家。

## 當家做自己・清楚固定的投資數額

說起來可憐，像小S一樣，走出創業的步伐，卻不知道究竟需要多少錢，才可以運轉起一項事業。這樣的人不在少數。看著別人做老闆，叱吒風雲、風光無限，難道他們背後有著無窮資金在支撐？

當然不是。錢是死的，很多投資是固定的，有多少是多少，不會平白無故地增多或者減少。比如一間店鋪的租金是每月一千美元，不會因為承租人變化而變化。並不是你租就貴一些，別人租就便宜一些。

因此，要想創業做老闆，必須清楚一些固定的投資數額，像租金、加盟費、成本費、員工薪水、周轉費用、水電費用等。

## 職場一片天・創業者必須明白一點，儘量減少浪費和損失

除了固定費用外，創辦公司也好，開始一項小生意也罷，還需要一些隱性投資。這部分投資都包括哪些呢？

首先是管理費用。開辦一家公司或者經營一項小生意，需要管理部門同意認可，發給你允許經營許可證。辦理證件需要成本費，還有一些手續費。這種費用具有可伸縮性，比如有些地區鼓勵創業，會免費辦理各種證件。這時做為創業者，就要充分利用這些政策、制度，為自己節省下每一分錢。

其次是運行費用，比如宣傳廣告，是很多新開業公司選擇的手段。這部分投資可多可少，應該根據個人情況而定。比如小生意採取條幅式廣告，會比報紙廣告、電視廣告效果好。因為生意剛開始，規模較小，即使大範圍宣傳也不能引起太多人注意。反倒是條幅式廣告，比較直接明晰地告訴每位顧客，讓他們關注你的生意。重要的是，條幅式廣告價格便宜，適合

創業之初的選擇。

還有一些隱性投資，比如人際關係、公關消費，這些費用如何確定，也有彈性。做為理性創業者，最好適當控制這部分開支，儘量縮減損失。如果非投入不可，也要清楚回報，不要光顧著面子，忘了成本。

不管是隱性投資，還是固定投資，創業者必須明白一點，儘量減少浪費和損失。從選擇行業開始，就要考慮投資情況，比如選擇店鋪，就要儘量選擇價位低、地段合適的店面；對於進貨管道，應該選擇最經濟的運輸方式。從日常管理中，節省水電，從節儉行為中，省下不必要的開支。

但是，做為創業者，在投資之初，是不是就要以節約的方法去計算投資額度呢？比方說，店面每天用電量估計在十到二十千瓦之間，你是按照哪個數額計算投資，是十千瓦，十五千瓦，還是二十千瓦？做為預算，建議你最好按照二十千瓦來計算，這會給你一個比較寬鬆的資金準備範圍，讓你有比較充裕的調度空間。不至於到了繳電費時，實際用了十八、九千瓦，而你只準備十五千瓦的電費。

## 問問自己：你的積極心態準備好了嗎？

備妥資金，立刻就可以開始經營，進入老闆的角色了。這時的你，是否已有充分的心理準備？也許你會說，從籌備創業那天起，早已有了心理準備，做好各項準備工作。這裡要說的是，做老闆的心態，你是否準備好了？

## 失業莫失意 • 以老闆的心態去做業務的啟示

有位趙先生失業後，準備到一家小型科技公司應聘業務員工作。在公司會議室內，他見到了這家公司的老闆，出於禮貌，他習慣性地尊稱一聲：「張老闆……」沒想到這句話才一出口，立即引起公司內部業務員的哄笑：「先生，你喊他老闆，你知道他是做什麼的嗎？」

趙先生吃了一驚，立刻回答：「他不是公司的老闆嗎？我看到你們公司的營業證書上這樣寫。而且，招聘廣告上也是這樣說。」

「對啊，」員工們回答，「他是營業證書上的法人代表，正因為如此，他才是我們的保姆，是我們的服務生。」趙先生搞不懂這是怎麼回事。

這時，那位被議論的「張老闆」開口了，他問趙先生：「你不必奇怪。我問你，一家公司的業務都是誰做的？」

「業務員。」趙先生回答。

「這就對了。」張老闆說，「業務是業務員做的，錢是他們賺回來的，所以他們才是公司的真正老闆。沒有業務員，公司的產品堆放在倉庫裡，不但不能產生利潤，反而占據地方，消耗資金。所以，做為公司管理者，我和一些中高階層經理做的工作，就是為業務員提供優質產品，為他們做業務提供優質服務。」

趙先生聽到這裡，終於明白張老闆的意思，原來這是讓業務員以老闆心態去做業務。受張老闆啟發，趙先生沒有走上專職業務員道路，相反，他參與了代理商應聘，成為公司的業務員兼代理商。這是一種更能體現代理人員積極性的制度，他們既屬於公司業務員，更是獨立的代理商。從此，趙先生走上創業之路。

美國成功學學者拿破崙‧希爾說：人與人之間只有很小的差異，但是這種很小的差異卻造成了巨大的差異！很小的差異就是所具備的心態是積極的還是消極的，巨大的差異就是成功和失敗。

## 當家做自己・為自己工作，為自己發薪水

打工仔的心態是「為老闆工作」，做老闆的心態是「為自己工作」。簡單的兩字之差，卻體現出完全不同的心態。如果你已經邁出創業的第一步，那麼必須立即告訴自己：「我是老闆，我要為自己工作，為自己發薪水。」從現在起，杜絕從前的打工仔心態。

具備老闆心態，是一種使命感、責任心、事業心。應該從全方位考慮公司得失，從細微處做好每項工作。無論產品品質、服務水準、成本控制，都要全力以赴。

## 職場一片天・洛克菲勒的智慧

誰最容易成為成功的創業者？答案是那些具備老闆心態的人。阿基勃特的故事廣為流傳，這位美國標準石油公司的小職員，不管走到哪裡，簽名時總不忘在名字下面寫上「每桶四美元的標準石油」一行字。結果他的名字被人忘了，「每桶四美元」卻被人當做他的暱稱，不無嘲諷地稱呼。這件事太有意思了，竟然傳到總裁洛克菲勒的耳中。洛克菲勒十分驚奇，親自邀請阿基勃特共進晚餐。後來，洛克菲勒離職，舉薦阿基勃特接下自己的職務。

所有人都可以羨慕阿基勃特的成功，從名不見經傳的小職員到公司總裁，這是多麼了不

起的飛躍。相信無數有能力、有才華的人都曾覬覦高位，都不把阿基勃特放在眼裡。可是阿基勃特成了總裁，成了老闆。「他憑什麼？」不服氣的人會這麼追問。

你知道答案嗎？

很簡單，就是老闆的心態！阿基勃特把標準公司當做自己的公司、自己的事業，這就是老闆心態。具備老闆心態的人，早晚有一天會開創出屬於自己的事業。前面故事中提到的「張老闆」，就是一位善於調動職工的老闆心態的人，而趙先生在明白了老闆心態的重要意義後，終於離開打工陣營，加入老闆行列，這就是質的飛躍。

如何具備老闆心態呢？可以從以下幾方面加以培養，也算是考察自己：

首先，要有穩定的情緒，不管遇到什麼問題，都不要急於發脾氣，學會以靜制動，這會給你帶來很多好處。

其次，要全身性地投入生意之中，付出越多，回報越多，這是一條亙古不變的真理。這是你自己的生意，如果你怕累偷懶，就是糊弄自己，肯定做不好生意。從這點上講，你要做一個心狠的人，對自己狠，對員工們也要狠。這種「狠」是認真工作、刻苦工作的表現，投機取巧只能自欺欺人。

第三，學會處理人際關係，不管是投資者、客戶、合作者還是職員，都是你創業路上的夥伴，如何與他們相處，是個大問題。如果太強勢，勢必讓人反感；可是一味做好好先生，缺乏衝擊力，也就缺乏魄力，無法給人開創事業的雄心和力量。所以，最好在保障個人合理利益條件下，儘量表現出領導力，統一籌劃事業發展。

第四，要敏銳地感覺市場動態。從市場變化中捕捉商機，是一個商人必備的素質。因此你必須時時刻刻關注市場，從各方面的資訊中分析、研究，攫取最有利於自己的那一點。

第五，要有膽量，更要有責任心，能夠承擔一切後果。這是你的生意，你不想承擔後果，恐怕也無人站出來為你買單，因此強調責任心，是提醒你提前做好這種打算，將有利於激發你的奉獻精神，擺脫打工心態。

Chapter2

## 白糖拌番茄啟示錄

# 白手起家，「紅」利百萬

將紅通通的番茄洗淨，用熱水汆燙一下，切成片，撒上白糖，這就是人見人愛的白糖拌番茄，又叫「冰山雪蓮」，看似簡單，吃起來爽口美味。不管宴席還是家常食用，都是一道不可或缺的涼菜。你失業了，身無分文，要想白手起家，就該向「白糖拌番茄」學習，從簡單開始，從擁有第一筆創業資金開始，繼而獲取紅利百萬。

# 一窮二白？那就借雞生蛋

如果你已經跳出失業困頓，準備放手一搏創業，這時就要從籌備資金開始，正式進入創業的實踐階段。如何籌集資金？一名失業者，往往也是一個窮光蛋，他們會說：「哪有錢做生意？要是有足夠的錢，我早就不用愁了！」這可真是「巧婦難為無米之炊！」

沒有錢，沒有資本，就不能創業嗎？那些成功的創業者難道都是存夠資金，才開始踏上創業之路嗎？答案是否定的。即便一窮二白，也有人會脫貧致富，因為他們懂得「借雞生蛋」的道理，不但可以籌集到足夠的創業資金，而且還有能力讓錢滾錢，從而走上致富之路。

## 失業莫失意・刷卡消費累積紅利的啟示

楊小姐只有二十幾歲，年紀輕輕，曾經連續在多家公司上班，既做過辦公室行政人員，也跑過業務，是個很有打拼精神的人。儘管如此，在金融危機中，她還是失去工作。幾年辛苦並沒有積攢下多少錢，如今突遭失業，她想到了個人創業做生意。

做生意需要錢，對於楊小姐來說，可算是一窮二白，赤手空拳打天下，如何籌集創業資本呢？

楊小姐左思右想，挖空心思地找朋友尋親戚，希望能夠借到部分資金。無奈人情冷漠，幾乎沒有人肯將錢借給她這位年輕的失業者。說到底，大家難以相信她。面對這種局面，楊小姐並沒有太多抱怨，而是積極地尋找新的途徑。一天，她在某信託商業銀行工作的朋友前來找她：「我們銀行為了拓展信用卡業務，現在推出了刷卡消費紅利點數八倍送的優惠活動。怎麼樣？你也辦一張吧？」

「信用卡？」楊小姐聽了這話，搖搖頭說，「我辦卡有什麼用？我哪裡刷得起卡？給我一張透支卡還差不多！」

朋友說：「八倍返還，這可是個不低的優惠啊。你想想，你要是消費刷卡，可是有回報的。」

楊小姐不再搖頭了，盯著朋友問：「刷卡消費累積紅利，這倒是籌資的途徑，不過我個人消費數量有限，紅利也低啊！」說著，說著，她突然睜大眼睛，高興地喊：「有主意了，有主意了。」她立刻拿出相關證件，交給朋友：「快，快給我辦一張信用卡。」

朋友被她的舉動搞得莫名其妙，不過想想也沒什麼壞處，就按照正常手續讓楊小姐辦理了信用卡。

沒想到，短短兩個月後，楊小姐的信用卡紅利累積到了上百萬元。這是怎麼回事？朋友驚奇地差點叫出聲來，還以為弄錯了，連忙跑到楊小姐處詢問原因。此時，楊小姐正坐在電腦前，認認真真地工作著。朋友拉起她說：「別忙了，快說，到底怎麼回事？」

楊小姐一邊盯著電腦上的業務，一邊輕鬆地回答：「我要謝謝你啊。你讓我辦的信用卡真是一隻會生蛋的母雞。你看，我辦了卡後，立即到購物台刷卡消費了六百萬的禮券。六百萬可不是個小數目，我讓親友們幫我上網拍賣，然後我再刷卡買回。一買一賣，我的紅利點數就累積到了八百多萬點。怎麼樣？八百多萬點數就可以做些生意了。我用它購買跟你們公司有業務來往的航空公司的機票，然後在網路半價出售。結果這些點數變成了現金，我現在獲利上百萬元。」

朋友聽到這裡，不由驚歎：「妳可真是會借雞生蛋啊！」

> 佚名：信用卡是一種可以循環利用的無息貸款。

## 當家做自己，只要努力，錢會自己找上門

### 1. 要有籌集資金的信心

怎樣借雞生蛋？這是門學問，需要一定技巧和能力。楊小姐何以套現成功？因為她看到

了該不要覺得自己與錢無緣，相反，你要抱著一個信念：只要努力，錢會自己找上門。有了這樣的信心，才可能走出借雞生蛋這步棋。

## 2. 掌握一定的籌資手段，靠能力借雞生蛋

信託商業銀行的紅利和購物台的購物優惠，將兩者有機結合，也就是將微小的差價收益放大。接著，她又利用網上交易，成功地售出機票。可以說，這一連串動作是智慧的，也是極具冒險的。如果沒有信用卡消費，她就無法獲得親友們支持，如果沒有互聯網，她也無法套現。可見借雞生蛋需要審時度勢。

## 職場一片天 • 借雞生蛋的實用學問

既然要借雞生蛋，首先就要找到會下蛋的雞，然後想辦法借過來，讓它為自己服務。借雞生蛋的辦法很多，比如貸款、借錢、信用卡、融資等。這些方法都是常見的，問題是你有沒有能力讓牠們為自己服務。

如何順利地讓這些「母雞」為自己下蛋呢？

1. 從個人角度講，必須明確自己需要的資金額度，知道自己創業需要投入多少錢。心裡有數，才可以選擇合適的「母雞」。比如你想開間便利商店，投入資金額度不大，完全可以

考慮向親朋好友借錢、支付一定利息的方式；如果你想做大一點的生意，就要考慮貸款、融資、合夥等方式。有些人對創業投資不甚瞭解，盲目地盤算著「某某親戚很有錢，某某朋友是富豪」，然後找到他們獅子大開口，不考慮對方的接受程度，結果不但借不到錢，反而傷了感情。如果你確定借錢，就要事先規劃可供借款的人選。在同樣條件下，人數越多，越有利於你借款成功。

2. 在各種創業常用的籌資方法中，貸款是最普遍的。從這一點看，銀行是你走上致富的啟動器，很多富商都是從銀行貸到了第一筆錢，從而走上創業之路的。但如何貸款呢？

大多數國家和地區為了鼓勵創業，會專門提供給失業者一定的貸款基金，提供個人創業平台。這些貸款類型，比如開業資金貸款、短期貸款、設備貸款、生產經營用房貸款等，這些扶持性的政策是失業者的福音。失業者應該仔細研究這些貸款項目，結合個人創業所需，從中分得屬於自己的一杯羹。

不少銀行還專門推出個人創業貸款項目，以適應市場需求。失業者可以透過房屋抵押、車輛質押、計程車經營權證抵押等方式，獲取銀行貸款支援。A先生工作不到一年就失業了，他想開發網路業務，需要一萬美元啟動資金。做為一位年輕失業者，他當然沒有積蓄或者不動產，於是想到貸款。然而貸款需要抵押或者擔保，A先生爭取到父母同意，讓他們做自己的擔保人。因為他的父母都有固定收入，所以銀行接受了A先生的申請。

有些銀行會提供更優惠的創業貸款，不需要抵押和擔保，只要個人信譽良好，就可以貸款。這類貸款的門檻較低，利息很少，在失業者的考慮範圍之內。

銀行與商家合作，推出特許加盟，這也是失業者的一大創業目標。柯達公司曾經與中國銀行聯合推出就業貸款，受到極大歡迎。這個項目的具體實施辦法是：個人投資九點九萬元人民幣，柯達公司就幫助他開一家店。這部分資金從哪裡來呢？個人可以申請中國銀行就業貸款。就是說，個人不要花一分錢，也不用擔保，只要得到中國銀行、柯達公司認可，就可以開店做老闆。

3. 除了銀行貸款外，典當業務也是籌資的一條途徑。典當貸款的缺點是成本高、規模小。不過，這種貸款方式速度快，即時辦理，信用要求低，適用於一些短期貸款。比如房產典當，只要證件齊全，就可以估價貸款，不需要審核個人信用、工作情況等。而且一些名貴物品，如名錶、珠寶、字畫等都可以典當，換取現金，這一點是其他金融機構比不了的。

# 個人信用是創業貸款的第一瓶頸

儘管籌資的方法多種多樣，現實生活中還是有人籌不到創業資金。他們既借不到錢，也無法申請到銀行貸款，難免抱怨：「銀行的大門不是為我開的！」如果你遇到這種情況，首先就該反問自己：「我的信用是不是出現危機？」

## 失業莫失意．實現旅館業領頭人物的夢想啟示

有一位木材公司的小職員，週薪只有一百多美元，可他偏偏心懷夢想，渴望有朝一日能成為大商人、大企業家，這位職員名叫里克。里克的夢想沒來得及實現，偏偏又遇到金融危機，公司裁員，他不幸成為失業者。

失去工作，里克並沒沮喪，反而認為這是給自己的大好機會，因為他有更多時間和精力去關注夢想了：他打算在風景名勝區開一家觀光旅館。

開旅館可不是說說就能辦到的，這需要投入大量資金。里克工作時每週薪水才一百多美元，剛剛夠生活支出，根本沒有積蓄。好在里克為人誠懇，人緣不錯。加上注重理財，儘管

每週薪水不高，可他還是將這些錢合理支配，生活算不上富裕，可也從來沒有出現過借錢不還、貸款過期的問題。一句話，里克的信譽良好。

憑藉自己的信譽，里克很輕鬆地從朋友那裡借到了五百美元。他用這些錢請了一位建築師，設計了一張旅館草圖，並且對草圖進行可行性與否的研究。里克工作認真謹慎，在確定旅館可行性之後，帶著草圖來到保險公司，申請貸款六十萬美元。

六十萬美元可是一筆不菲的貸款，保險公司在考察了里克的信用後，依然不敢輕易貸款給他，而是提出：「先生，必須有人為你做擔保，而且額度在一百萬美元以上。」就是說，里克必須找到一位資產過百萬美金的人，讓他做擔保人。

誰擁有如此資產，並且肯為自己做擔保呢？里克將自己認識的人在大腦裡過濾了好幾遍，最終認為：「在我熟悉的人當中，只有原公司老闆資產豐厚，而且與我關係密切。」里克找到了過去的老闆——木材公司董事長，董事長聽了里克的計劃後，十分高興：「里克先生，這些年來，你在我們公司兢兢業業地工作，是一位模範職員。如果不是經濟危機，我絕對不會辭退你。現在你雖然離開了，可我依然信任你、支持你。」

爭取到了董事長的支持，等於爭取到了貸款機會，里克興奮極了，立即表示：「董事長先生，非常感謝您的信任。為了表示我的誠意，我決定旅館內的傢俱由你們公司獨家承擔。」

董事長無意中接到如此巨大的訂單，這可是經濟危機中的一絲曙光，他格外高興，並陪同里克辦完貸款手續。里克終於籌集到所需資金，建構了理想中的旅館，從此，他的創業之路越走越寬，最終成為旅館業的領頭人物，實現了自己的夢想。

古羅馬諷刺詩人玉外納說：一個人的信用和其錢櫃裡的鈔票是成正比的。

## 當家做自己．信用是個人創業貸款的第一瓶頸

1. 信用是個人創業貸款的第一瓶頸，沒有信用的人，會失去資金來源。里克如果是一個不講信用的人，沒有朋友相信他，首先借不到五百美元，也就無法請建築師繪製草圖；里克如果缺乏信譽，董事長也就不會願意為他擔保，他又能從哪裡貸得到創業資金？

2. 信用是日常累積的，如果你在生活中不加注意，比如說下月的薪水還沒有發，這個月的薪水早已花光，成為「月光族」，或者經常性地向朋友借錢，這些行為都會削弱你的信用度，讓人感覺你在資金方面不夠安全，別人不會輕易把錢借給你。

3. 信用是儲蓄的結果，銀行考察客戶的信用度，也是透過這種方法。如果你每個月在銀行存有一定數額的錢，兩三年後，不但累積一筆資金，還在銀行累積信用指數，這時你再向銀行借錢，困難度會大大降低。

## 職場一片天・有借有還，再借不難

任何一項錢款往來，都是驗證信用的過程。所以，不管借錢、貸款，還是其他金錢交往，都需要一定條件，只有具備條件，銀行才會發放貸款，他人才可能借給你錢。這其中的條件，最關鍵莫過於個人信用。

具有良好信用的人或企業，會得到銀行、保險公司等金融機構的青睞，提供優惠的貸款政策。那麼，銀行對於創業者都會考察哪些方面的信用呢？

1. 銀行信用：分為結算信用和借款信用兩部分，前者是指個人或者企業在現金結算過程中，是否出現過違反規章、退票、票據無法兌現、罰款等不良記錄；後者則指個人或者企業申請借款時，是否有良好的還款意願，特別是曾經向銀行貸款者，是不是出現過逾期、欠息等無力償還現象。

2. 商業信用：指的是個人或者企業在履約、應付債務等方面，是不是恪守諾言，有沒有失信於顧客、客戶、合作夥伴的現象。

3. 財務信用：是指個人或者企業的資產是否真實，有無抽離現金、弄虛作假的現象。

4. 納稅信用：是指個人或者企業是不是按時按量的繳納稅款，有沒有出現偷稅、漏稅的不良記錄。

既然銀行從四個方面考察貸款者，為了更順利地解決資金問題，失業者除了在日常生活中注意按時納稅、誠信做人做事外，還要保障與銀行的關係良好發展。如果要申請貸款，首先做好諮詢工作，特別留意貸款條約內規定的「不貸類型」，檢驗自己是否屬於此類。其次，在與銀行的來往中，必須保證信譽，按時還款，從而建立良好的信貸關係。另外貸款前需要測算自己的還款能力，以及創業的利潤率，根據這些條件提出貸款額度申請、借款期限等。

特別提醒一句，第一次貸款額度不要太大，以免遭到「拒貸」，或者貸到款後，還不了利息，影響到個人信譽。俗話說「有借有還，再借不難」，只有做到按時還款，才會保障個人信用，留下良好記錄。

## 不要讓創業貸款成為「鏡中花」

有些時候，兩位具備同樣信用的失業者，卻不一定申請到同樣額度的貸款。A可能申請到十萬元貸款，B卻只能申請到五萬元貸款，無法實現自己的創業理想。這是什麼原因造成的呢？恐怕還要從個人展示信用的能力、創業優勢等方面考慮。

### 失業莫失意 • 兩個牧羊兄弟的啟示

在一個小山村裡，住著兩位窮兄弟，他們有了上一頓，不知下一頓在哪裡？日子過的非常艱辛。過年時，神仙路過山村，了解兄弟倆的苦難生活，決定幫助他們。神仙變出四隻山羊，送給兄弟二人每人兩隻，讓他們牽回家好好過日子。

哥哥把山羊牽回來後，心裡喜孜孜地想：「太好了，今年過年有口福了。」他立刻磨刀宰羊，燉了一大鍋羊肉湯，吃得不亦樂乎，然後不住地感謝神仙：「神仙啊，謝謝您的恩德，請您可憐我，以後每年送給我兩隻羊吧！」

弟弟把山羊牽回來後，也很高興，但他沒有宰羊燉湯，依舊過著冷清清的新年。轉過年來，春暖花開，青草遍地，他牽羊開始放牧。這兩隻羊吃了新鮮的青草，快速地成長，到了夏天，牠們產下一對小羊。現在弟弟擁有了四隻羊，他更加用心地牧羊，羊的數量不斷增長。兩三年後，弟弟已經是當地有名的飼羊大戶，生活徹底改觀，跨入富裕人家行列。

美國華爾街最頂尖的資深投資人威廉・歐奈爾說：放手讓虧損持續擴大，這幾乎是所有投資人可能犯下的最大虧損！

## 當家做自己・錢生錢，就要將錢用在刀刃上

1. 貸款的目的是為了讓錢生錢，而不是一筆救濟金。神仙送給兄弟倆的羊，是給他們過日子的本錢，不是一鍋羊肉湯。很多人貸款後，覺得一下子擁有了這麼多現金，終於可以過幾天舒適日子了，於是不加考慮長遠利益，只顧眼前吃吃喝喝，最終花光了錢，創業不成。

2. 讓錢生錢，就要將錢用在刀口上。因此按照創業計劃去分配資金，花好每一分錢。財富是不斷累積的結果，這個過程中，也會累積個人信用度。

3. 只有擁有足夠信用，並且具備創業優勢的人，才可能申請到更多貸款，得到更多幫助。相反，一位沒有創業計劃、不知道貸款如何支配、或者不會合理支配的人，就像故事中的哥

哥，是得不到更多扶持的。

## 職場一片天‧貸款是創業的「種子」

李先生和王先生都是失業人士，兩人先後走上創業之路。李先生相中一家料理店，這家料理店地點不錯，但是原老闆經營不善，不但沒有賺到錢反而背了一屁股債，他無心經營。李先生聽說後，幾次前去考察商談，決定頂下這家店。可是他剛失業，沒有足夠資金。這時，恰好銀行推出了小額創業貸款專案，鼓勵失業者貸款創業。李先生很高興，憑藉自己良好的信用，申請到一筆貸款，成功地頂下料理店。其後，他苦心經營，料理店的生意逐漸興隆起來，很快還清了貸款和利息。李先生很有事業心，打算擴大經營規模。可他知道自己沒有多餘的資金，因此想到用店鋪做抵押，再次申請貸款，因為有了良好的還款記錄，加上店鋪抵押，這次他申請到一筆較大的貸款。

王先生看到李先生的料理店賺錢，也跑去貸款接手了一家料理店。可是他沒有進行周密的分析和研究，經營一段時間後，生意慘澹。儘管生意不好，加上愛面子，不斷招呼朋友們前來吃喝聚會，店鋪面臨倒閉。這時，還款日期到了，他拿不出錢還款，只好關門大吉，躲了起來。

職場中，不乏王先生這種創業人士，他們拿到了貸款，以為就是救濟金，是自己的錢了，不去正視這筆錢的真正用途。抱著這樣的心態創業，結果失敗，並且毀壞信用。

貸款是創業的「種子」，正確的作法是小心呵護它，讓它生根發芽，開出美麗的鮮花，結出豐碩的果實。

如何培育這粒「種子」呢？

第一，平時注意建立良好信譽，講究誠信，不要讓不良口碑毀了自己，毀了「種子」的來源。

第二，一定要提高自身能力，積極做事。態度決定一切，勇於進取的精神會感染資助你的人，提高他們對你的信任度。

第三，要展示創業優勢，獲取對方認可。競爭日趨激烈，創業者生存下來的機率越來越低，稍一不慎，投資就會像打水漂，有去無回。因此，銀行或富裕人家只希望將錢借貸給有能力的人，而不是盲目的人。

第四，創業要有計劃、有目標，這會讓你有的放矢，將資金投入到合理的地方。有些人為了申請到資助，不切實際地誇大自己的能力，誇大創業的規模，認為這樣會樹立形象。實際上，這是不負責任的表現，時間長了，當他人認識到你的真面目時，信用自然大打折扣。

第五，加強資訊溝通，摸清情況，選擇最佳路線和方法。到處找人，未必能辦成事，好鋼用在刀刃上，如今社會分工細密，誰手裡有好「種子」，一定要看準了才行動。

第六，一個人的力量畢竟單薄，創業逐步社會化、普及化，為了創業成功，有必要多與他人交流，甚至可以與人合夥籌集資金，利於對各種資源整合。

合作生意要注意：明確投資份額，確定每個人的投資額度。不一定平分股權，但一定要明確投資的份額，最好不要大家一樣，這會關係到權利和義務的分配，有利於事業發展。如果大家具有相同的股權和額度，會產生一個結果：彼此具有同等的權利和義務，這種情況下，誰也不服誰，很難管理，很難經營。

# 在半徑三米範圍內尋找創業契機

有了資金，如果不能合理使用，貸款會成為「鏡中花」，為了抵制這一現象，失業者在尋求創業契機時，有一定的講究和方法，做好了，能夠事半功倍；相反，尋找的途徑、方法不對，會勞民傷財，一事無成。

## 失業莫失意・抵制內心欲望的啟示

有個小男孩名叫比爾森，他好勝心強，也很有經濟頭腦。一天放學後，他和同學們在操場上玩，不知何故，幾個人打起賭來。

一個說：「詹姆斯是我們班上跑得最快的。」

一個說：「不對，傑克才是跑得最快的。」

大家爭來辯去，都希望自己是對的，因為勝者可以贏取對方一美元。

比爾森是班上的跑步能手，聽到同學們的議論，沉不住氣的說：「我敢打賭，我比他們跑得都快！」

「憑你？」同學們哈哈笑起來：「你絕對跑不過詹姆斯和傑克的。」

比爾森很生氣，滿臉通紅地說：「我跟你們打賭，我要和他們比賽！我贏了，你們要加倍給我賭注。」

同學們同意這個條件，但同時提出：「要是你輸了，要加倍賠給我們賭注」。比賽開始了，比爾森果然沒有詹姆斯和傑克跑得快，他如約輸掉了一個星期的零花錢。比爾森不服輸，決定贏回自己的賭注，要求第二次比賽。結果這次他又輸了，又賠上一筆零花錢。

同學們起哄：「比爾森，下個星期再來比吧，到那時你又有零花錢做賭注了。」

比爾森猛然醒悟：「這樣比下去，我只能擴大損失面。要想不再損失，唯一的辦法就是放棄比賽。」這位個性好勝的孩子最終抵制住內心的欲望，再也沒有與詹姆斯和傑克比賽。

維京集團創始人理查•布朗森說：商業機會就像公共汽車，總會有下一輛到來。

## 當家做自己•十步之內必有芳草

1. 比爾森沒有賺到錢，反而損失了所有零花錢，原因是他沒有尋找到正確的契機。契機無處不在，比如這次比賽，他可以把自己的錢用到詹姆斯與傑克的比賽中，這樣不管誰輸誰贏，他都不會損失太大。如何尋找到最適合自己的契機呢？以自己為中心，劃定一個範圍，從中尋找、分析，「十步之內必有芳草」，只要用心用腦，契機隨處可見。

2. 從身邊尋找契機，既省時省力，節約成本，又容易讓人深入其中，從而獲得成功。因為這樣的契機不用花費太多精力和財力，這樣的契機對你來說，相對熟悉、簡單。

## 職場一片天‧學會放棄，給自己帶來更多契機

職場中的契機無處不在，如果認真研究，將會發現，各行各業、隨時隨地都存在許多創業契機。契機是創業關鍵的第一步，抓住契機，等於成功一半。可是哪些契機適合自己？如何抓住最適合自己的契機呢？

以自己為中心點，從身邊尋求契機，是最有效也最簡便易行的：

1. 參加同學會、朋友的Party，可以接觸到各種資訊，從中篩選過濾，看看是否有適合自己的契機。

2. 留意身邊的點滴變化，從中尋求契機。每個人、每件事、每件物品都在不停地變化中，這些變化將提供無限機會。比如今天大家喜歡酸的食物，明天可能喜歡甜的，這其中就蘊藏著契機。如果你想從事餐飲行業，抓住這一契機，就會抓住一筆財富。

不僅要注意社會和趨勢變化，還要善於以變化的眼光捕捉契機。能夠洞察事物發展方向的人，肯定是了不起的，他會提前做好準備。

怎樣具備察覺變化的眼光呢？這就是學會觀察、分析，學會思考，不要拘泥於形式。要明白一點：萬事萬物都在運轉和變化中，這會給你很多思索的空間。

**3.** 學會放棄，給自己帶來更多契機。比爾森放棄了比賽，看似無奈之舉，其實是明智的，因為他以後的零花錢，有了新的用處。

尋找契機，還要了解一定的商業常識，比如節慶假日是促銷的好時機，如果能抓住這個機會，很多商品都會銷售成功。

**4.** 身體力行，為尋找契機而努力，而不是人云亦云，看到他人做什麼自己就去做什麼。有一案例：張麗失業後，和不少夢想創業的人一樣，籌集到二十萬元資金，準備放手一搏。張麗準備做服裝生意，這是她多年來夢寐以求的事。服裝業競爭激烈，這是眾所周知的，店面位置如何，關乎生意好壞。為了尋找合適的店面，不少人給張麗出主意想辦法，但她都覺得不合適。一天，她在大街上閒逛，希望找到一家適合自己的店面。真巧，在夜市附近她發現一家只有十坪大一點的店面，房租每月二萬元。這家店鋪雖小，位置極佳，而且房租不貴，正好適合張麗所需。她盤下店面，開張後生意果然不壞。

5. 積小成大，從少到多，不要夢想一夜致富。尋找契機時，一定要有平常心，如果不顧實務，總盯著那些賺錢快、賺錢多的大案件，猶如空中樓閣，結果往往是肉包子打狗，一去不回。

6. 尋找契機時，要有耐心，特別是針對熟悉的人、熟悉的行業時，不要以為將會水到渠成。善於理解別人，體諒對方的難處，必能為自己多打開一扇門。

# 在自己最熟悉的行業挖金

在人們的觀念中，熟悉的地方沒有風景，熟悉的行業也難有賺錢的良機。特別是失業者，熟悉的行業要嘛蕭條，要嘛是自己的傷心地，怎麼可能給自己賺錢的機會？事實恰恰相反，從身邊發掘創業契機，最有利的途徑就是從熟悉的行業尋找突破出口。

## 失業莫失意・鮮花店靈活行銷的啟示

丁燕是一家鮮花店的小職員，負責鮮花護理，還兼做一些插花藝術。她年紀不大，但是聰明好學，很喜歡自己的工作，不到半年時間，就熟悉了鮮花店的各種日常工作。老闆看中了丁燕，常常將她帶在身邊，傳授一些經營之道。

然而隨著鮮花店生意興旺，不少人看到鮮花業的商機，於是紛紛投入鮮花經營事業，鮮花店如雨後春筍，很快遍佈大街小巷。花店多了，競爭激烈，為了爭奪顧客，大家互相壓價，不久，丁燕所在的鮮花店出現危機，再也沒有從前的光景。

鮮花店老闆覺得生意難以為繼，決定關閉店鋪，辭退所有員工。丁燕頓時失去工作，心裡特別難受：「怎麼會這樣呢？本來好好的，為什麼突然間生意就不行了？」

與丁燕一起工作的姐妹們沒有這麼多想法，她們有的說：「這家店經營不下去了，我們換個地方找工作，說不定能找到更好的呢！」有的說：「老闆還欠我們薪水呢，走，我們一起要錢去！」

丁燕不為她們的說辭所動，而是思考自己的困惑：鮮花店到底為何經營不下去？怎麼樣才能讓生意好轉起來呢？

經過幾日苦思，丁燕有了一些想法，準備找老闆好好商談。當她走進老闆工作室時，老闆誤以為她是要來討薪水的：「我手頭錢緊，過幾天你再來拿薪水吧！」

丁燕一聽，連忙搖頭：「老闆，我不是來要錢的。我有個想法，如果您願意，我想頂下鮮花店繼續經營。」

「什麼？」老闆大吃一驚，「店裡的生意你也看到了，非常蕭條，你頂下它做什麼？」

丁燕說：「我覺得鮮花店生意不好，一方面是市場飽和、供大於求的結果，另一方面，原來的經營攤子太大了，如果能夠賣掉苗圃，直接批發花卉零售，會節省一大筆開支。」

老闆聽了，有些驚異地看著丁燕：「說得不錯。好吧，鮮花店就轉給妳，希望妳能成功！」

丁燕接手了鮮花店，從此走上自主創業之路。她改變經營策略，先後多次到郊區尋找花木基地，經過商談，尋求到了合適的供應商。接著，她改變用人方法，聘請十位臨時工，租用車輛，在節慶假日提供優惠的鮮花銷售服務。

經過一番整頓，鮮花店的經營成本降低，行銷方式靈活，僅僅一個情人節就賺到十萬元。從此，丁燕在自己熟悉的鮮花行業，逐漸有了名氣。

南加州大學副教務長羅伯特A • 庫珀說：不要控制失敗的風險，而應控制失敗的成本。

## 當家做自己 • 從熟悉的行業入手

丁燕抓住契機，而曾經與她一樣的打工的姊妹們卻沒有掌握，只是繼續奔波尋找工作。原因在於丁燕從熟悉的行業入手，找到最快捷、有效的創業途徑。試想，如果她不是接手鮮花店，而是想著做服裝、電子等業務，會不會這麼順利？肯定不會。首先，不會有人輕易轉讓給她店鋪。其次，即便她投資新店鋪，業務陌生，從管理到經營，都需要摸索，勢必會造成浪費，加大成本開支，並且，她也不會制定有效的經營改革策略，無法取得立竿見影的效果。

## 職場一片天・讓失業者從熟悉的行業挖金

熟悉的行業容易入門，這是常識。然而從熟悉的行業中挖金，卻不是那麼容易。一個失業者，曾經從事的行業會呈現什麼狀況？通常情況下，或者是行業不景氣，或者是自己不適合本行業的業務，所以才導致失業。在這種條件下，讓失業者從熟悉的行業挖金，困難度可想而知。

然而事在人為，這裡提供一些「挖金」思路：

### 1. 任何行業都有可能賺錢或賠錢

你所在的公司、工廠倒閉了，不一定代表這個行業落伍過時。如果你還想從本行中挖金，就該積極尋找原因，找到應對策略。比如減少開支、降低成本，或者改變經營策略，開拓新客源等，這些都會給你帶來新的利潤空間。丁燕就是這方面的代表人物，也是成功的演繹者。

### 2. 行業不景氣，並非一定是壞事

事物處於變化之中，行業也在不斷進步發展，如果你有膽識、有眼光，一定會從變化中發現契機。危機也是機會，就是這個道理。比方說，幾十年前攝影業很夯，可是隨著科技發展，逐漸慘澹了。如果你曾經是攝影館的店員，遭遇失業，打算自主創業，是不是就要放棄攝影業務呢？不必，你看看現在婚紗攝影、寫真攝影等行業不是很旺嗎？所以每個行業出現

危機時，都是一次新機會的徵兆，不要輕易放棄。

現實告訴我們，大多數成功商人都是從熟悉的行業入手，走上創業之路。像是李嘉誠從塑膠廠的推銷員成長為塑膠花大王。

### 3. 有些人認為，熟悉的行業不適合自己，所以才遭到失業

這個看法過於片面，應仔細判斷：是行業不適合自己，還是其他原因？比如與上司相處不融洽、沒有正確的心態、對行業抱有排斥態度等。要是這些原因使你失業，你就該重新認識自己從事過的行業，特別是工作多年的朋友，不管你是主動還是被動的熟悉行業行規，如果能放下偏見，從零開始，將帶給你意想不到的驚喜。

# 模仿成功的人，或者尋找理想的合作夥伴

有一種方法，可以讓你的資金在最大限度發揮作用，不至於成為「鏡中花、水中月」，這就是「模仿成功人士」。不管哪個行業，都有成功的創業者，是他們帶動了行業的快速發展，向他們學習，會快速地奔上正確的致富道路。

## 失業莫失意‧從模仿成功老闆的作為開始

有一位日本失業者小柳先生，他遠赴美國淘金，無奈人生地不熟，加上資金有限，一時找不到機會。有一天，小柳先生來到繁華的商業區，準備尋找商機。可是屋漏偏逢連夜雨，他不但沒有任何新發現，反而被一輛急速行駛的轎車撞倒在地，斷了一條腿。

斷腿的小柳先生不但沒有沮喪，而且還十分高興，原來肇事者是一位在美國經商的日本老闆，經營一家不錯的家電公司。老闆非常過意不去，對小柳先生說：「真是對不起，為了彌補我的過失，我一定支付所有的醫療費用，並額外給你一筆錢。」

小柳先生搖頭說：「不用了，先生，我是一名失業者，如果你真想幫助我，就請你讓我

到貴公司做事吧！」

老闆一聽，當即同意：「這好辦，歡迎你來工作。」

小柳先生有了工作，一年後，他的腿傷痊癒，而且熟悉公司各種業務。由於他積極肯幹，老闆經常帶著他參加各種商務活動，接觸到許多在美的成功日商。在與成功商人交往過程中，小柳先生有了足夠的信心和經驗，他已經了解日本人在美國創業的種種細節。後來，他辭退工作，模仿這位成功的日本老闆，在美國另一個州開設家電公司。

由於有了成功者的先例，小柳先生經營公司時，基本套用前老闆的思路和模式，不但節省開支，而且生意興隆，很受美國人歡迎。

匈牙利出生的美國籍猶太裔商人，著名的股票投資家喬治•索羅斯說：承擔風險，無可指責，但同時記住，千萬不能孤注一擲！

## 當家做自己•汲取別人的成功要素，避免走冤枉路

1. 模仿是一條捷徑，走別人走過的路，汲取別人的成功要素，省力省錢，避免走冤枉路，失敗的機率會大大降低。日本是最擅長模仿的國家，他們經濟的快速增長，就是模仿美國的

結果。

2. 模仿是一種能力，並非人人具備。模仿別人，首先要緊緊追隨，不離不棄，挖掘出成功者的成功要素。其次，要多與成功者在一起，設法接近他們，學習他們的思維方式和經驗。成功的道路千萬條，也有無數書籍解讀成功元素，可是這些「真經」往往太片面、不實際，所以必須與成功者在一起，才能學到真正有用的學問。

## 職場一片天・莫當一棵弱不禁風的小草

職場裡互相模仿的現象並不少見，從失業跨入創業的門檻，首先應選擇那些看得見摸得著的成功者，多與他們在一起。所謂看得見摸得著，是指那些與你生活比較密切的人，而不是傳說中的鉅賈大富。例如比爾・蓋茨、郭台銘，他們固然成功，可你無法與他們密切相處，無法領略到他們創業的真實過程。相反，身邊的成功者，比如一位與你一樣失業後，成功地經營一家餐館的人，可能就是最好的模仿對象。

李先生失業後，決定投資創業，他注意到與自己一起失業的張先生在廣州做起書商，專門為超市配送圖書，生意不錯。李先生心有所動，奔赴廣州學藝。這時恰好某零售業在李先生的老家福州開店，李先生立刻回到家鄉，成立文化公司，並成為某零售業的配送商。其後，隨著更多超市開張，李先生的生意也逐漸擴大。

其次，模仿不是原樣照抄照搬，必須有選擇性地學習和接收。只有選擇適合自己的，才會吸收和消化。辜振甫為了管理家族企業，隱姓埋名到日本企業中，從基層做起，學習經驗，這種切身實地的模仿，為他成為巨富打下基礎。

除了模仿成功者，與成功者相處，初入生意場的你，還會接觸到各種合作夥伴，因此要懂得合作夥伴的重要性，什麼是理想的合作夥伴？如果從合夥投資者的角度講，最好有共同的事業目標，這容易凝聚力量，團結向前；彼此理解，互相配合；具有互補的優勢，可以取長補短、快速進步。比如你很有能力，但缺乏資金支援時，有一位能提供資金的人，無疑助你一臂之力。你有實力，卻缺乏創意時，有一位頭腦聰明、點子多的人，也會讓你的事業大展宏圖。

合作夥伴中，還有一種力量，就是合作客戶，如經銷商、供應商等。選擇這些夥伴，必須留意對方的誠信度。李嘉誠告誡人們：「一個有信用的人，比起一個沒有信用、懶散、亂花錢、不求上進的人，必定有更多機會」。這句話用在合作客戶上，同樣有效。沒有信用的合作者，必定給你帶來數不清的麻煩。

另外，還要考察對方的實力，實力是硬體，硬體不硬，再好的承諾也會雲消霧散。對於剛剛跨入創業行列的你，最好選擇實力強的公司合作。

最後，也是最重要的一點，是考察對方的扶持力。初入商場，經驗、實力都未必強大，可以說摸著石頭過河。這種狀態下，誰扶持力度大，給你的政策優惠，誰就給了你更多的時間和機會。

一句話，從失業到創業，你還是一棵弱不禁風的小草，不管是陽光、水分，還是空氣，一定要選擇最適宜的條件，讓自己處在最有利的環境下。

## 打好心理資本這張牌

在合理規劃資金，正確使用投資，真正實現從「一窮二白」到「紅利百萬」的夢想，這一非凡過程中，每個人都有獨一無二的資本，就是「心理」。不管起點如何，不管實力怎樣，只要運用得當，這張牌的作用絕對不容忽視。

### 失業莫失意・拿破崙蠟像的啟示

梅塔尼夢想成為演講家，但他個頭矮小，一直為此苦惱。為了增加演講效果，每次站到講台上演說時，他都要在腳下墊一只箱子，他認為這樣會讓自己的形象更高大、更完美。儘管如此，他的演講依然效果平平，幾乎無人為他喝采，無人記住他的名字。

這讓梅塔尼十分沮喪，他認為都是身高阻礙了自己的成功：「哎，看來我的先天條件不足，不允許我從事演講這一事業啊！」於是，他放棄夢想，退出演講行業，跨入「失業」隊伍。

一個偶然的機會，梅塔尼受到法國朋友邀請，前往巴黎考察，在那裡他見到了拿破崙的蠟像。蠟像是按照真人的身材比例製作的，站在這位「偉人」面前，梅塔尼大驚：「怎麼？

偉大的拿破崙才這麼高嗎？竟然比我還矮！」驚訝之餘，他靜下心來想了想，拿破崙曾經指揮千軍萬馬，面對眾人侃侃而談，鼓舞士氣，創立不朽偉業，為什麼他能不在意自己的身高，而我卻要為了掩飾身材矮小而墊上箱子呢？

從此，梅塔尼扔掉腳下的箱子，再也不為身高憂慮，而是全心投入到演說之中，終於成長為一名傑出的演說家。

香港富豪李嘉誠說：創業就應該做一件天蹋下來都能夠賺錢的事情。

## 當家做自己・心理資本是改變世界的最大動力

1. 心理資本是無形的，也是最強大的，可以改變一個人的一生，甚至是改變世界的最大動力。

2. 在一窮二白時，只要不灰心、不自卑，就有翻身的機會。哪怕你像梅塔尼一樣，認為自己沒有絲毫優勢，可你還有心理資本這張牌。

3. 即便你有再多的錢、實力，或者其他各種優勢，如果沒有健康的心理，創業終歸是一場悲劇。

## 職場一片天 • 學會從別人身上尋找優點

如何將心理資本運用到職場？換句話說，如何保持健康的創業心理，去支配手裡的有形資產，讓它們產生更大效益呢？

首先分析，從失業到創業，這是一個劇烈轉變，每個人都會遇到很多壓力。根據心理學家研究發現，40％的壓力是永遠不會發生的；30％的壓力與過去的決定有關，已經無法改變；12％的壓力來自他人的批評，這些批評多是自卑表現；10％的壓力是健康造成的，如果繼續憂心忡忡，壓力會越嚴重；只有8％的壓力是「合理」的，是正常影響創業之路的。

明白這一點，就會知道，擔心、壓力、憂慮絕大多數是多餘的，沒有必要的。

其次，要想拒絕壓力，不為壓力左右，就要養成積極的思維習慣，鍛煉心理抗壓能力。

以下提供幾種切實有效的方法：

**1. 像成功者那樣去說話、做事、思考**

為自己確立一個模仿對象，比如梅塔尼模仿拿破崙；你可以選擇一個成功商人做楷模，他既可以是身邊的人，也可以是著名的商業人士，王永慶、巴菲特，都可以是你的效尤對象，比照對方的言談舉止，從外到內提高個人的自信心。

**2. 效尤成功者的信念，懷抱永不言敗的精神，積極進取**

幾乎每個成功者都是「堅持到底」的人，他們從不半途而廢。卡內基說：「你有信仰就年輕，迷惑就年老；有自信就年輕，畏懼就年老；有希望就年輕，絕望就年老；歲月使你的皮膚起皺，但是失去熱忱，就損傷了靈魂。」

美國心理學家做過一項實驗：給幼稚園的每位小朋友一顆糖果，告訴他們：「老師有事出去一下，回來後誰的糖沒有吃，會再給他一顆。」結果發現，有的小朋友耐不住誘惑，吃了糖，也有的孩子沒有吃。心理學家追蹤觀察這些孩子，幾十年後發現那些吃了糖的孩子，幾乎一生平平，沒有什麼成就。而那些沒有吃糖的孩子，竟然個個成就突出。

### 3. 不要談論健康問題，尤其是面對多數人時

健康問題是憂慮的一大來源，如果你總是念念不忘，會增加心理壓力。尤其是失業者初入生意場，一下子無法接受紛繁嘈雜的商業環境，會感到身心疲憊，這個時候如果談論健康問題，總是覺得身體出了毛病，不但影響自己的情緒，還會影響投資者、員工、客戶，產生不良氣場，破壞生意成長。

### 4. 學會從別人身上尋找優點

哪怕曾經一無是處，只要你把他當做世界上最重要的人，就會看到閃亮的一面。

從失業到創業，工作範圍發生變化，如今你掌控一盤事業棋，走好每一步棋，都是關鍵。

### 5. 不要拒絕新觀念

最起碼也要學會分析、分辨，透過新觀念、新現象，尋找到進步的靈感。

創業就是一次生命創新的過程，接觸新鮮事物，都會給你帶來機遇，好好把握，讓它產生機會和效益。

### 6. 不找藉口

藉口是推卸責任的表現，是拒絕進步的行為。仔細想一下，過去為什麼會失敗？恐怕就是找了太多藉口。一個不找藉口的人，會自然而然培養起奉獻的精神。

特別是跨入創業門檻後，面對全新的工作環境，如果沒有老闆心態，不能全方位負責生意，不知道奉獻，出了問題還去找藉口、找理由，後果可想而知。

## 看準目標，就要搶先行動

有了錢、信心和方向，下一步就是抓緊行動，這也是有效使用資金，讓錢快速生錢的訣竅。數字社會，變化飛速，稍慢一步，就會有一大批人湧上來；快一步，就會占儘先機，利潤無限。

### 失業莫失意・亞馬遜網路書店的啟示

一九八六年，傑夫・貝索斯大學畢業後，先後在信託公司和銀行工作，經由個人努力，成為一家銀行的副總裁。可以說，如果沒有意外，擺在傑夫・貝索斯面前的是一條光明坦途。

這時，電腦業方興未艾，各式各樣的網站層出不窮，網路用戶急遽增加。傑夫・貝索斯是一個喜歡新鮮事物的人，常常上網衝浪。在一次次衝浪過程中，他留意到網民迅速增多，覺得這是一個商機。當時，網路提供了遊戲、新聞、E-mail 等各種業務，卻沒有網上書店，網路售書還是一片空白。傑夫・貝索斯躍躍欲試，他本人曾經做過電腦系統管理員，具備一定的技術，心想：「如果開設一家網路書店，請讀者評論書籍，並與作者、專家進行交流，一定會很受歡迎。」

傑夫・貝索斯為自己的想法感到興奮不已，覺得這是前所未有的好機會。可是他是銀行高階人員，工作繁忙，哪有時間獨自創業，開闢網路書店呢？這真讓人左右為難！到底要不要辭掉工作獨立創業呢？

一個不眠之夜，傑夫・貝索斯做出了決定：辭去工作，創立網路書店。他想：「網路業務蓬勃發展，雖然眼下還沒有網路書店，相信不久一定有人會想到這個業務。與其等待別人先行開發，還不如自己搶先行動！」

週末，傑夫・貝索斯遞交了辭職書。總裁莫名其妙：「為什麼？難道你還不滿足自己的職位和薪水？」

「不，」傑夫・貝索斯回答，「並非如此。」說著，他講出網路書店的打算和計劃。

總裁好意提醒說：「我不反對你創業，可你想過沒有，如果失敗了怎麼辦？畢竟這是一個全新的事業，你有把握嗎？」

傑夫・貝索斯說：「網路業務層出不窮，今天我不去創辦網路書店，明天也一定有人會去開闢這塊『處女地』。早一步行動，占得先機，贏取無限利潤空間。」

傑夫・貝索斯在眾人的不解和擔憂中，踏上自主創業的道路。第二天，他立即開始尋找創業基地，在圖書館附近的西雅圖一棟稍顯破舊的樓房內，成立亞馬遜書店。從此「網路書店」正式出現，填補了電子商務領域的一塊空白。

因為亞馬遜書店是最早的網路書店，出現後立即受到億萬網民歡迎。該書店提供了三一〇萬個書目，比全球最大的書店多十五倍，另外，由於是網路書店不需要巨資修建圖書場地，不用雇用大批員工，減少庫存占用資金，方便顧客購買和消費需求。

微軟公司創始人比爾・蓋茨說：現在是互聯網時代，不是大魚吃小魚，而是快魚吃慢魚。你比別人快，才能在競爭中贏得機會。

## 當家做自己・看準目標，快速做出決定

### 1. 搶先行動第一步，看準目標，快速做出決定

傑夫・貝索斯為什麼能搶占網路書店的先機呢？因為他從網路發展趨勢中，看準了自己的目標，並果斷地做出決定，主動加入「失業」行列。像他這樣的高階人員在機遇面前，也不肯錯失行業「第一」的機會，如果你失業了，並決定創業，就要立即排除干擾，確定方向和目標。

### 2. 搶先行動第二步，快速進入市場，讓資金流動起來

把錢放在口袋裡，永遠也不會多出一分錢，只有讓錢流動起來，讓錢進入市場，才會生錢。傑夫・貝索斯迅速成立公司，推出網路書店業務，就是快速讓錢進入市場的好辦法。

## 職場一片天・行動的目的是為了賺錢

「早起的鳥兒有蟲吃」，做生意，速度非常重要。今天某個產品熱賣，明天可能就不受歡迎了。如果左顧右盼，遲疑不決，看到別人掙錢了，才想到去投資、進貨，恐怕早已晚了三秋。

有一家英國公司展示自己的產品：一款印有威廉王子和妻子凱特肖像的盤子。在王室宣佈威廉王子訂婚前，他們未雨綢繆，率先生產了十萬件紀念品，目的就是為了在王子訂婚時，能夠搶占市場。

對於失業者來說，搶先行動，就是搶在別人的前面，走出創業第一步，去投資、生產、經營，去搶得一片市場，甚至占據行業領頭的位置。

搶先行動，首先應該從思想上重視速度的重要性。有句話叫「心動不如馬上行動，」一點也沒錯，有些失業者懶散慣了，需要他人指揮才行動。這種狀態下，很難主動地做事，如

今要創業當老闆，這些人不可能一下子認識到速度在職場的作用。所以，要從意識上改變思維，告訴自己「先下手為強」，抓緊行動。

其次，搶先行動，應該從一點一滴做起，學會管理時間。比如早一天註冊公司，早一天培訓職工，早一分鐘打開店門，都是積極的表現。從這些具體的行為中加快速度，有利於培養創業者的老闆心態，有利於事業發展。

在具體行動中，搶先進貨，讓商品進入市場；搶先引進新技能，生產新產品；搶先與顧客溝通，了解市場需求，都是搶占先機的行為。

當然，搶先行動，還要注意提高效率，提高成功率。行動的目的是為了賺錢，不是蠻幹，如果每次行動效果一般，反而耽誤精力和財力，得不償失。比如租賃店面，覺得越快越好，可是過不了多久，這塊地卻要拆遷，你是不是做了筆賠錢的買賣。

Chapter3

## 度小月擔仔麵啟示錄

# 小夢想，可以成搖錢樹

說起台灣小吃，「度小月擔仔麵」名震遐邇，是台南最具知名的一道小吃。可您是否知道它的來歷？近百年前，有一位姓洪的漳州籍漁民來到府城，靠打漁為生。然而從清明到中秋，是漁獲淡季，當地人叫「小月」。既是淡季，自然難以靠打漁養家餬口，洪姓漁民為了讓全家填飽肚子，就在這段時間賣起麵來。他用扁擔挑起碗筷和鍋子在大街小巷叫賣，故名「擔仔麵」，又因是為了度過小月而做的生意，所以稱「度小月擔仔麵」。由於口味獨特，「擔仔麵」所到之處大受歡迎，到了第三代子孫，生意依然興隆不已。

就這樣，洪姓漁民單純為了填飽肚子，不用在淡季失業的小小夢想，不僅成為一棵搖錢樹，還成就了一道遠近馳名的小吃。

# 想到的生意就可以做嗎？

失業者懷揣創業的夢想，他們看到了網際網路、想到了汽車業，甚至有人還試圖一夜致富去做房地產。夢想遠大固然可敬，說白了也有些可怕，從失業躍入創業門檻，在選擇生意時不妨從小做起。小夢想，也會成為一棵搖錢樹，為你開財花、結富果。

## 失業莫失意‧毛驢過河的啟示

有幾頭毛驢不幸失業了，被主人趕出家門，流浪在田間。正值冬末初春，土地上的青草還沒發芽，牠們找不到可吃的食物，餓得頭暈眼花，滿腹牢騷。

恰好有人路過，向牠們提議：「到河對岸去吧，那裡溫度適宜，已經長出很多青草來了。」毛驢聽了，頓時眼光放亮，精神大振。可是河上沒有橋，牠們又不會游泳，無法過河。這時一頭毛驢說：「有辦法了，只要我們把河水喝乾，不就可以過河了嗎？」

「好主意，好主意」。毛驢們一致贊同，並且當即低下頭認真喝水。牠們賣力地工作，喝得肚皮發脹，兩眼發黑，最後一個個癱倒在地，無法動彈。然而，可愛的毛驢們看看河水，依然如故，好像一點也沒有減少。

牠們納悶極了：「到底是工作不夠吃苦，還是目標太不切實際了呢？」

美國著名的投資商沃倫 • 巴菲特說：風險來自你不知道自己正在做什麼！

## 當家做自己 • 小生意蘊含大商機

1. 資訊社會，各種各樣的生意會撲面而來。大到賣月球上的土地，小到加工一包速食麵，都是生意。面對這些生意，你應該學會選擇，從中找到適合自己的工作。

2. 相對來說，小生意更適合失業人士做為創業的突破口。失業的毛驢為何失敗？原因就在牠們選擇實現目標的方法不正確。

3. 小生意，特點是投資少，靈活機動。小本投資，對於生意場陌生的失業者來說，風險較低；另外，小生意蘊含大商機，做好了，還可以長久發展，成就一番大事業。

## 職場一片天・趁「需」而入，是進入市場的好機會

雷波被人稱作荊楚大地上的「臭乾子大王」。他的成功創業起源於小小的「黃陂五香乾」。「黃陂五香乾」已有幾百年歷史，都是家庭作坊生產，沒有形成規模效應。雷波從中看到了商機，註冊了臭乾子商標。從此投身到臭乾子生產中，最終還帶動了這一特產的發展。

小生意，是雷波投身商場的一棵搖錢樹。跟他一樣，由小生意起家的還有一位「雲南過橋米線大王」。這人名叫陶鑫國，二十世紀七〇年代末，他從報紙上留意到「過橋米線」這一百年風味美食，由於政治因素面臨絕跡，當時政策已經鬆動，他認為機會到了，就投身到「米線」事業中，生意越做越大，「過橋米線」遂成為中國知名的食品之一。

從小生意入手，為失業者提供創業的良好前景，但有幾點值得注意：

### 1. 選擇獨具特色、或者說獨具優勢的項目

有句話說「靠山吃山，靠水吃水」，說明資源優勢的重要意義。一位失業者，如果能夠從周圍環境中發掘出特有的資源進行開發，是非常可貴的。雷波和陶鑫國都是利用資源優勢的能人。平遙古城也走出了一位創業能手，他是紡織廠的失業工人，看到旅館業競爭激烈，就利用古城的古宅扮起客棧，這些古宅已有幾百年歷史，獨特的風貌吸引大量旅客，生意興隆。

## 2. 選擇的專案要有一定發展前途

專案是否可行，是否賺錢，只有進入市場運作後才見分曉。二十年前，當大家紛紛出國鍍金時，小李看到了電腦業的發展前景，成立了電腦知識與應用培訓班，當時多數人對電腦陌生，前來求學者絡繹不絕。

## 3. 趁「需」而入，是進入市場的好機會

針對特定消費群體，會有特殊需求，如果能夠看準機會推出新產品、新服務，能夠一下子吸引顧客眼光。

小M大學畢業後，幾經輾轉始終沒有找到合適工作，成天徘徊在失業行列中。她注意到飾物店雖多，可大多數價格較貴、品質略差、樣式常見。於是她決定讓顧客自己動手加工製作飾物，不僅保證產品的品質，還能調動顧客的興趣。

於是，她選擇了一處面積較小的店鋪，進行簡單而別致的裝修後，開門營業。由於飾物都是個人加工的，很有特色，並且價格低廉，自然受到年輕女孩們的推崇。

## 4. 不要哪裡熱鬧往那裡擠

小生意，小本經營，投資者往往抱有求穩心理，害怕風險，希望走一條穩賺不賠的路。於是看到別人做什麼，跟著做什麼。這種趁熱投資的行為，並不適合你，因為擺在面前的不

是市場巨人，就是殘羹剩湯，前者你撬不動，後者無油水可撈，根本賺不到太多錢。

## 5. 學會見縫插針，巧妙地占領空白市場

隨著經濟發展，社會分工和需求越來越細緻化，由此出現很多從未有過的行業、商品、服務，如果能夠獨闢蹊徑，搶占這些盲點，無疑是小本生意的一大亮點。比如與大商場配合、補充商品，接送、擦洗業務，在正常經營時間外開設的夜市、飯館，還有新奇特商品店，消費者需要多層次服務，這些五花八門的新商機就是最好的選擇。

選擇小生意，經營中也有很多技巧：

1. 市場變幻莫測，做小生意者應該時刻保持清醒的頭腦，做好「船小好掉頭」的準備。應對市場，最好的辦法就是快速反應，抓住機遇，對於小本投資者來說，本錢較少，不必拘泥於形式，可以隨時保持與市場的緊密度。

2. 主動上門，靈活服務，也是做小生意者的賺錢訣竅。很多小生意都是走動式的，流動攤販、送貨上門，提供物美價廉的商品和服務。一方面加強與顧客交流，另一方面還能滿足顧客不用外出就能購物的需求。

3. 薄利多銷，不留庫存，讓資金更快、更充分地進入流動領域，牟取更大利潤。「三分利吃飽飯，七分利餓死人」，在競爭日趨激烈的年代，利潤空間已經越來越小，身為小生意

者，要想多賺錢，只有薄利多銷。這樣做還可以防止資金積壓，讓錢生錢。

總之，投資小生意，不要小看每一分錢，一步步做起，一點一滴累積，會幫助你真正實現創業夢想。有人說「小錢是大錢的祖宗。」無數富翁就是從小生意做起，從賺小錢開始，走上起家致富之路。

# 有眼光，才有商機

不要以為生意小就隨便做，隨便投資，相反，經營小生意，需要用敏銳的眼光去發現商機，找到賺錢的利潤點。

## 失業莫失意‧特色禮品店的啟示

鄭永森是某保險公司業務員，由於競爭激烈，上單非常困難。經過幾年打拼後，他的業務空間逐漸開發殆盡，接連幾個月一張保單都沒有做到。他知道，長此下去自己肯定會被解雇。

一天，鄭永森提著一包禮品拜訪準客戶，可是一連拜訪了三個人，結果一件禮品都沒送出去。

回家後，妻子聽鄭永森說起這件事，就勸慰他說：「你別難過了，也不要怨恨那些人。你送給他們的保健品，就是拿回家，家裡也不見有人吃。」

聽了這番話，鄭永森心有所動：「說的也是，保健品太常見，已經不受歡迎了。」從這件事他聯想到，和他一樣，很多業務員都面臨同一個難題：「給客戶送什麼禮品？」為了拉近與客戶之間的緊密關係，保險業務員常常會送給客戶或準客戶禮品，可是在挑選禮品時，又很難下手決定：「送常見的禮品，難給客戶留下深刻印象，也體現不出心意；送稀有的東西，太昂貴，不好買，還要擔心品質問題。」

細心的鄭永森從中看到了商機，他想：「如果推出一些專門針對保險業務員所需的禮品，既有實用價值，還有收藏價值，不是一舉數得？」

有了這樣的想法，鄭永森不擔心失業了。在公司正式解雇他之後，經過一番斟酌，他選中了炭雕、名片隨身碟等禮品。炭雕工藝品不僅外形美觀，還可以吸附有害氣體，具有除菌作用，適合現代家庭需求；名片隨身碟可以隨身攜帶，隨時隨地進行資料讀取和存儲，是現代人的常備用品之一。除了這兩樣特色禮品外，他還挖掘了多種特色禮品，並且推出禮品訂製業務：顧客需要什麼禮品，他就準備什麼。

鄭永森的特色禮品店滿足了不少少業務員需求，前來挑選禮品的人越來越多。由於特色突出，鄭永森的業務受到保險公司青睞，他們主動找上門，與他聯繫開發禮品業務。鄭永森提出客戶資源分享的主張，與保險公司聯合推出幾項業務。五月底，正是結婚旺季，他與攝影機構、保險公司合作，凡是購買保險的顧客，可以獲得價值二千元的攝影體驗套餐。結果，這次活動開發了二千多名客戶，鄭永森結結實實地賺了一筆。

隨著知名度、營業額提高，鄭永森的名聲越來越大。他看到保險公司客戶群比較固定、實力較強的特點，連續與美容、保健、親子教育等行業合作，都獲得了較好的共贏效果。

現在，鄭永森已經把眼光放得更長遠，他準備在員工福利、商務饋贈等方面下功夫，將生意做得更大。

> 比爾・蓋茨說：烙牛肉餅並不會損傷你的尊嚴。你的祖父母對烙牛肉餅可有不同的定義：他們稱它為機遇。

## 當家做自己・好眼光來自獨特的思維習慣

1. 好眼光是當老闆的必備素質之一，如何培養這種能力，需要養成深入市場調研、了解市場供求狀況、變化趨勢的習慣，考察客戶所需。鄭永森從自身出發，聯想到業務員在禮品方面的需求狀況，才看到了其中商機。

2. 好眼光來自獨特的思維習慣。機會總是被少數與眾不同的人抓住，因為他們克服了從眾心理和傳統的思維模式，敢於發現不同，提出不同見解。

3. 要想有好眼光，就要多看、多聽、多想。從廣泛的資訊、知識、經驗中汲取有用的東西，有助於發現更多機會。

## 職場一片天．成功需要眼光好

「商機無處不在」，這是成功者的經驗和警語。職場一片天，能夠發現商機抓住商機，從而一步步將生意做大的人並不多，多數人人云亦云，看到別人開餐館，自己就去經營飯店；看到別人賣馬鈴薯，自己就去賣黃瓜，而且模式、方法雷同，毫無特色。

美國《財富》雜誌曾經向比爾•蓋茨提出過這樣一個問題：「你是怎樣成為世界首富的？因為只有你才可以告訴我們成為世界首富的祕訣。」比爾•蓋茨回答說：「除了知識、除了人脈、除了微軟公司善於行銷之外，有一個前提是大部分人沒有發現的，這就是需要眼光好。」

眼光好，才會發現商機，比爾•蓋茨就具備好眼光，他認為將來每個人的桌子上都會擺一台小型個人電腦，於是創辦了微軟公司。有人看到美國人養寵物的比例比養孩子多兩倍，花費在養寵物的費用每年高達四百一十億美元，就從事寵物生意賺錢。這都是好眼光的表現。

如果問你喜歡自己吃蛋糕，還是三十個人搶著吃？你肯定會說：「當然是自己吃。」所以，不管加入某一行業，還是從事某一特定服務，真正眼光好的人總會搶占第一，或者選擇競爭對手少的。因為這塊蛋糕相對較大，你怎麼吃，都會吃得更多。

有人說，溫州人是最會賺錢的中國人，因為他們總是能發現別人看不到的商機。看來，商機確實無處不在，關鍵是你能否發現，能否抓住。有一位溫州鄉下人，窮得連飯都吃不起，他到大街上走，看到城裡人講究衛生，但是用一塊布抹地很費勁，就想到為他們準備拖把，可他身無分文，沒錢購買布料。怎麼辦？他來到棉紡廠，從垃圾堆裡撿回碎布條，紮成拖把拿出去賣，一把竟然賺了二元錢。無本生意好做，一年下來，他靠這個方法賺了五千元。後來，他以五千元起步，逐漸將生意擴大，最後竟然成為擁有上千萬資產的大商人。

商場如戰場，情況瞬息萬變，如果缺乏敏銳的眼光，不能善於捕捉商機，就不能確立自己的目標和方向。在複雜多變的經濟條件下，無異盲人摸象，怎能保證生意賺錢？

好眼光可以看到機會，還能看清未來的發展趨勢，當然是創業必備素質。

# 會投資，才會賺錢

發現商機，該如何投資？再小的生意也是從投資開始的，投資對了，可以四兩撥千斤，將生意一步步做起來；投資錯了，則竹籃打水一場空，弄不好還會影響個人聲譽，得不償失。一句話，投資的目的是為了多賺錢，實現利潤最大化。

## 失業莫失意・廢棄食堂再利用販賣羊肉煲的啟示

張先生失業後，湊集幾萬塊錢，決定自己做生意。然而拿著這些金錢，他卻不知道做什麼好。經過一番思索，他想起父親做了多年廚師，燒得兩手好菜，特別是羊肉煲，風味獨特，十分可口，能不能開家羊肉煲店，經營這項事業呢？

帶著這個想法，張先生開始考察營業地段、店鋪租金等問題。可是當他了解到房租情況時，不免有些沮喪，因為飯店一般選址在比較繁華熱鬧的地段，這種地方的租金都很貴，自己僅有的錢，還不夠撐持幾個月房租。要是將錢全部投入租金，就沒有多的錢購置用具、材料了，這樣的話，店鋪經營不起來。

一位朋友得知張先生的情況後，對他說：「有家公司的食堂廢棄不用了，現在正往外出租，聽說比較便宜，你不妨去看看。」

張先生很高興，便按照朋友提示來到食堂。可他一看，有些心涼，因為這個地方太偏僻了，周圍居民不多，而且過往客人很少。怎麼辦？張先生經過再三考慮，不再猶豫，最終租下這個地方，並用剩餘的資金購置材料用具，生意就這樣艱困起步。

沒想到，生意開張後，羊肉煲很受歡迎，大家都認可這道美食：「這裡的羊肉不膻，還有股淡淡的甜味，很好吃。」原來張先生所在地是廣州，南方人不喜歡羊膻味，因此經營羊肉食品的飯店不多。如今張先生的羊肉煲採取中藥炮製的辦法，去除膻味，增添南方人喜歡的甜味，當然引起人們好感，特別是在廣州的外地人，多年吃不到羊肉，現在這麼一品嘗，真是夠味！

一傳十，十傳百，張先生的羊肉煲出了名，慕名前來的顧客多了起來。這塊原本不被看好的地段，竟然為初涉商場的張先生帶來財運。

美國哈佛大學經濟學系主任約翰・坎貝爾說：投資不僅僅是一種行為，更是一種帶有哲學意味的東西。

## 當家做自己・問問自己夠不夠膽

### 1. 數數自己的錢

不要以為將所有錢財投資做生意，就一定會獲得成功。世界上只有一位比爾・蓋茨。很多人在傾其所有投資後，成為窮光蛋，因為人的一生，需要消耗的財富大抵相當於三套住房，這是很客觀的數據。

資金有限，要想讓有限的資金發揮充分的效能，就要合理利用手中的錢。對故事中的張先生來說，最大的現金投資是房租，他很理智地選擇了低房租地段，是生意起步的保障。

### 2. 問問自己的膽

生意會不會賺錢？這是投資前所有人最擔心的事。如果有人告訴你：絕對可以賺錢，你肯定會義無反顧地投入現金。可是事實很殘酷，誰也沒有預見未來的本事，這個時候就需要有膽量，勇於做出決定，大膽嘗試。張先生這麼做了，並且成功了。

## 職場一片天・資金不多，就不要湊熱鬧

投資是風險行為，比如加盟連鎖、經營小飯店等項目，成功率是40%。如果你覺得40%

的成功率很高，提醒你一句：失敗率是60%，你有勇氣做60%的一份子嗎？現實情況是，幾乎沒有人在創業時就做好虧錢的準備，而是失敗了才不得不低下高昂的頭。

小生意人投資，選擇店鋪或者攤位時，應該貨比三家，儘量降低成本。很多人喜歡隨大流，認為大家爭搶的一定是黃金地段。黃金地段是賺錢的寶地，這沒有錯，可是你有足夠的本錢嗎？既然想做小生意，資金不多，就不要湊熱鬧，應該多方觀察、衡量，選擇適合自己的地方經營。

下面以投資專賣店為例，詳細分析投資應該注意的問題：

## 1. 投資要選準時機

什麼是最佳時機呢？行業的起步階段，是發展的黃金時期，一般來說，先投資者賺大錢，跟隨者賺小錢，這是定律。對於做小本生意者來說，沒有能力把握行業走向，但是可以與新興企業合作。怎麼合作？選擇這些企業的產品進行銷售，或者為這些企業提供服務，都是合作的好辦法。

既然是新興企業，肯定面臨很大風險。其實，是生意就有風險，對於企業來說，一般會經歷以下幾個發展階段：萌芽期、成長期、發展期、成熟期、穩定期、衰退期。

萌芽期是企業的最初階段，風險性極強，實踐表明95%的企業會在此時夭折，做不下去。因此除非具有超強的勇氣，成為第一個吃螃蟹的人，否則最好不要涉足這樣的企業。

成長期企業已經度過最危險時刻，呈現上升態勢，是合作的最佳時期。選擇這樣的企業合作，投資風險相對較低，利潤空間很大，是賺錢的大好機會。

進入發展期的企業，可以投資與對方合作，而且會迅速地得到利潤。但隨著企業進入成熟期，競爭加大，利潤空間也就變小了。

所以，選擇投資的企業，如果處於成熟期以後，就要慎重考慮。

**2. 選擇合適的機會投資，並不是唯一的條件，更要看重企業的支援力度，以及產品情況**

因為是小本投資，更害怕風險，如果沒有企業強有力地支援，幾乎沒有發展起來的可能。該如何判斷企業的支持力度呢？

① 有無實施全程跟蹤保母式的行銷戰略。

② 是不是肯下力氣幫助專賣店抓住市場機遇，進行獨家經營。

③ 是不是擁有強大的財力、物力、人力資源，確保產品品質，還能不斷開發新產品，保持市場優勢。

④ 是不是嚴格採取區域保護政策，從根本上杜絕串貨、壓抬價、傾銷等不規範現象。

如果上述問題三個以上答案是肯定的，說明這家企業會給予商家有力支援，保證你的投資有所回報，值得合作。

有了企業支援，還要重點考察產品，了解產品的性質和發展前景。產品有沒有可消費性，也就是消費市場情況如何，這是決定投資的首要條件。產品有沒有可經營性，就是產品能不能可持續性消費，要從產品文化、生命週期、廣泛性、未來性等幾方面考察。比如保健品，因為健康是人類永恆的主題，所以具有長久性。但是隨著時代變化，保健品不斷更新換代，這就是未來性。

### 3. 注意投資陷阱

從本質上說，投資是風險行為，不可避免遇到各種各樣陷阱。做為小本經營者，尤其防範各類型陷阱，確保投資有效，真正實現利潤升值。

一般來說，投資陷阱分為有意的和無意的兩種。前者是指他人故意設圈套，騙取投資人信任，屬於詐騙行為。比如投資店鋪時，出租方不具有出租權，結果收取了你的租金；或者一些非法公司以融資、股份等形式騙取投資。這種陷阱需要具備一定經驗常識，進行辨別。

無意陷阱，也就是投資過程中，不是個人主觀行為的陷阱，比如政策陷阱，政策會給投資帶來機遇，比如兩個國家之間加強外貿合作，就為個人提供了經商機會；但是政策也存在陷阱，比如執行政策的時間差、空間差、或者力度不同，將會給經營者帶來很多麻煩。

人文環境是投資陷阱之一，像故事中提到的廣州人不喜歡羊肉的膻味，就是明顯的人文環境問題。要想避免這個問題，必須深入了解投資環境，「橘生南為橘，生北為枳」，這是典型的環境差異帶來不同後果的寫照。

求新求異是投資陷阱之一，有些人認為新奇的產品、服務等，是創業投資的首選，因為這些東西吸引人的眼光，會快速發財。可是過度求新求異，效果不見得好，大多數人不想成為試驗品，人們掏錢買的，無非「放心」二字。

短期利潤也是投資陷阱之一，為了發財，許多人喜歡選擇短平快的項目，覺得這樣的生意回收資金快，風險小。實際上，短期利潤本身就是一個陷阱。一六二六年，荷屬美洲新尼德蘭省總督 PeterMinuit 花了大約二十四美元的珠子和飾物從印第安人手裡買下了曼哈頓島。到二〇〇〇年一月一日，估計曼哈頓島價值二兆五千億美元。可是從理論上來說，總督並沒有占到便宜。假如他當時並沒有用那二十四美元去買曼哈頓，而是去進行投資，按照11%收益來計算（美國近七十年股市的平均投資收益率為11%），到二〇〇〇年，這二十四美元的收益將高出二兆五千億美元很多倍，如果按8%的社會平均收益來計算，也絕對高於二兆五千億美元。

# 不識字沒關係，先讀懂社會這本書

不管是學歷高的碩士、博士，還是不識字的清潔工，從職場、工廠失業，一腳踏入商場，大家忽然間站到同一條起跑線上。這時，他們會產生截然不同的想法，有人認為：「我學識淺薄，沒有經商經驗，根本不具備創業條件。」有些人認為：「我堂堂一介高級人才，創業易如反掌！我要做大事，絕不擺地攤、做小生意。」

這些想法都不正確，商場的水有多深，不是書本知識可以探知的，還記得霍布代爾的故事嗎？很大程度上，創業來自於你的社會經驗。社會這本大書，將傳授很多真才實學，幫助你在小本生意上越走越穩。

## 失業莫失意 • 吳先生送羊奶的啟示

吳家良先生是公司的後勤人員，負責清潔工作，多年來他任勞任怨，埋頭苦幹，每天從家到公司，下班後就回家，可謂兩點一線，生活簡單，很少接觸外界。可是金融危機爆發，公司訂單驟減，最終倒閉，吳先生不幸失業。突如其來的打擊讓他極度恐慌：「完了，完了，沒有了工作，一切都完了。」吳先生只有小學畢業，如今人到中年，都快五十歲了，失去工作怎麼養家餬口！

他很想重新找個工作，可是身無特長，而且年齡又大，找工作談何容易。在一次次碰壁後，為了生計，他走上一條別人看不上眼的道路：送羊奶。從此，他騎著單車，走東家到西家，從早到晚奔波，為一家家顧客送去新鮮的羊奶。

吳先生風雨無阻，認真負責，在送羊奶過程中，廣泛地接觸到各行各業人士，了解到各種各樣的商業資訊，這讓他眼界大開，很快融入現代社會發展浪潮中。憑藉著優質服務，吳先生博得顧客信賴和歡迎，半年後，在一位顧客幫助下，獲得機會：為幾家小超市送貨。

業務增多，吳先生忙不過來，就雇用了幾名工人，成立一個小公司，創業之路逐漸成型。

由於吳先生做事認真，講信譽，他的客戶群越來越大，不僅居民住戶找他送貨，超市、飯店、旅館也願意跟他做生意。

隨著客戶訂單增多，吳先生的小公司聲譽更高，他開始接手其他食品業務，成了名副其實的「老闆」。

**比爾‧蓋茨說：這個世界並不在乎你的自尊，只在乎你做出來的成績，然後再去強調你的感受。**

## 當家做自己・面對不合理的現象，應該理智對待

1. 不識字、沒高學歷，這些都不重要，小生意根植於社會沃土中，了解社會，懂得與人交往，懂得做人，才是基礎。
2. 做為一名失業者，長期在公司、工廠上班，缺乏與社會接觸的機會，所以更應該主動進入社會，廣泛接觸各種資訊和人物。
3. 學會為自己負責，做自己的老闆。
4. 面對不合理的現象，應該理智對待，而不是血氣之勇。
5. 記住一點：不同的人，會給你帶來不同的機遇。所以應該認真對待每個人，哪怕他是你的敵人、競爭對手。

## 職場一片天・一個人的成功85％要依靠人際交往

人們常常感慨：「社會太複雜了。」言下之意，自己無法看透社會，無法在社會中遊刃有餘地生活。社會真的很複雜嗎？對於一位失業者，如果長期任職於一家公司，或者工作環境比較封閉，與外界接觸較少，那麼他對社會的了解自然會欠缺某些區塊。這時，踏進生意

場，勢必重新開始，全面深入地了解社會，才會為自己培養和提供更優良的生存環境。

卡內基說：「一個人的成功只有15%是依靠專業技術，而85%要依靠人際交往、有效說話等軟科學本領。」「軟科學本領」需要從社會這本無字天書中汲取有用的養分。

那麼，無字天書該如何閱讀呢？

1. 透過眼、耳、鼻、舌、身等感官去感知、認識，一句話，透過親身實踐去獲得經驗、教訓，從而透過現象看本質。如果能夠踏踏實實地做一項小生意，會很快了解到職場的是非恩怨，真切地感受到什麼是生意，什麼是生意人，自己該如何融入到商場，並從中分得屬於自己的一杯羹。

2. 人際關係最重要。人來自各行各業，性格各異，與人交往，會得到各種各樣資訊、經驗，建立各種各樣關係。這些關係是創業的基石，比如有金融界的朋友，會及時提供你貸款和創業方面的資訊；與公司經理交往，會更快了解新產品動向。有一位失業者，在朋友的邀請下，聽了房地產專家的一堂課，認為郊區地段升值空間大，就提前購買了一塊地，並種植了樹木，然後劃成小塊出售，結果賺了一大筆。

3. 在與人交往中，應該多去表現自己，讓更多人了解自己。小生意，很大程度是自我銷售的過程，他人買的不僅僅是產品，還有你本人。故事中的吳先生，在送羊奶過程中，能獲得客戶信任和幫助，並非他的羊奶產品質量有多好，完全是因為別人相信他。

展現自我，除了可靠的人品、誠信的服務外，還要提高個人修養，遠離不良習慣，樹立良好的個人形象。

4. 深入社會，要學會面對各種各樣的人物和現象。人和人不一樣，大家都有自己的思想、觀點、行為準則，強求一致是不可能的。對於這些現象，應該學會包容，才能從不同人身上獲取不同的東西，你就會變得更強大，更有力量。

小生意者，往往面對各色人等，他們的學識、品味、修養、要求高低不同，你應該察言觀色，根據不同的人，提供不同的服務和產品。比如經營餐飲，如果顧客是一位少女，你就多為她推薦美味可口的小吃、甜品，而不是大魚大肉。

5. 學會沉默，當你看到一些不公正、不公平、不合理的現象時，不要只憑血氣之勇去做事，而要忍耐、沉默。百忍成金，只有忍得了一時之氣，才可能有日後的發展。小生意本小利微，禁不起折騰，只有學會左右逢源，才能廣開財路。

# 一個人的垃圾，是另一個人的綠色銀行

學做小生意，要善於把握機會，更要學會無中生有，打開一片獨立的小天地。在這片天地裡盡情釋放自己，將會給你更多回報，不亞於開闢一個常青不敗的綠色銀行。

## 失業莫失意 • 神父收集落髮的啟示

二十世紀二〇年代，歐洲有許多神父前往中國傳教，其中有一位神父來到了山東省境內。在這裡，神父看到人們生活困苦，內心充滿惻隱之情，一心想幫助這些人脫離苦海，過上好日子。

一天，神父外出傳教，路過一戶人家時，恰好看到這家女主人坐在門口梳頭。當時中國婦女都是長頭髮，盤成髮髻，梳理時難免有些頭髮落到地上。這位女主人的頭髮也是如此，在地上落了一片。神父看著這些落髮，忽然靈機一動，他想到：「在歐洲工業革命已經風起雲湧，各種工廠紛紛建立，到廠裡工作的女性一天天多起來。她們在機器前工作時一定要戴髮網。因為這樣既可以避免頭髮被捲入機器，還是一種好看的裝飾品。為了製作髮網，需要不少材料。如今這些中國婦女的頭髮掉落地上，就成了垃圾，白白浪費。要是把這些落髮收集起來，銷往歐洲，編織成髮網，不是很好嗎？這樣的話，就可以改善當地人的生活了。」

神父為自己的這個想法感到興奮，連忙告訴眼前這位中國婦女，讓她收集起落髮，並讓她轉告其他婦女，從此以後都要把落髮收集起來。

雖然這位中國婦女不明白神父的用意，但她覺得收集頭髮也不費事，就照他說的去做。

神父一面讓婦女們收集落髮，一面聯絡商人朋友，讓他們帶著針線、火柴等日用品，走街串戶地到婦女們的家中，用這些商品換取落髮。婦女們聽說掉落的頭髮還能換取有用的東西，自然高興萬分，紛紛拿了出來，從此她們養成了收集落髮的習慣。

商人們將落髮收集後編織成網，銷往歐洲各地，從而賺到了錢。

> 李嘉誠說：要永遠相信：當所有人都衝進去的時候趕緊出來，所有人都不玩了再衝進去。

## 當家做自己・挖掘生意利潤，應該善於發現

1. 做小生意，越簡單越賺錢。掉落的頭髮原本是垃圾，但在神父的操作下，竟然開創了

一項持續多年的外貿事業，這是奇蹟，卻又如此簡單。

2. 挖掘生意利潤，應該善於發現，善於動腦，更要善於動手操作。沒有想不到，只有做不得。如果你是思想的巨人，行動的矮子，那麼肯定無法實現「有」的願望。

## 職場一片天・從「低科技」中尋找機會

經營小生意，離不開創意思維。針對全球二百位創業家的研究發現，他們的創業來源，無非以下這些：改良產品或者服務，進行重新設計或者包裝；追隨新潮流；巧合的機會；在系統研究之後，發現創業良機。

從固有的經營模式中發現一個全新的模式，風險性小，利潤率高，是吸引諸多創業者的一大途徑。比如發現顧客的新需求、產品期待改善的問題等。這些新的發現就是機會，會引發創業熱潮，從無到有，實現新一輪財富競爭。李維・斯特勞斯是舊金山淘金行列的一員，他沒有挖到黃金，但看到了堅固耐用的帆布，為淘金者製作牛仔褲，從而開創了嶄新的行業。

在當今社會中，一名小生意人如何去把握從無到有的機會呢？

### 1. 從「低科技」中尋找機會

高科技是熱門尖端的行業，做為小生意人，根本無法企及這樣的高度。相反，由於高科技的迅猛發展，一些低科技領域，如運輸、保健、餐飲、物流等，出現了很多機會。如果抓住這些領域的機會，照樣可以發財致富。

## 2. 從變化中尋找機會

社會不斷在變化，比如產業結構變化、科技進步、資訊化、人口結構變化、價值觀念變化等，將產生各種機會。比如隨著人口老化，老年人保健品成為熱門行業；女性上班族增多，她們專用的產品也跟著增多。

## 3. 盯住特定顧客群，從他們的需求找機會

小生意人應該學會將客戶群分類，比如白領階層、藍領階層、單身女性、退休人員等，從不同群體身上下工夫，會找到需求突破口。

## 4. 從「負面」發現問題和機會

小生意人不妨多關注大眾討厭的事、或者反感的現象，從此入手，提供一些解決方案，一定會受到歡迎。比如爸爸媽媽都是領薪族，寶寶無人照顧，就有了家庭幼兒託管所；沒有時間買菜做飯，就有了家政服務公司。

經營小生意，從上述多方面尋找機會，挖掘利潤空間，還要不斷宣傳自己，進行市場推

廣。

首先，要考慮自己的目標市場在哪裡，潛在顧客會透過何種途徑獲得相關產品、服務的資訊，以及如何使自己的產品或服務在同類中脫穎而出。

潛在顧客是發掘的重點，他們會成為生意的主要支持者。比如經營茶葉，不妨選擇白領階層，讓他們關注並且品嘗自己的茶葉，擴大影響。

其次，為了宣傳生意，一定要製作名片，列出經營的所有產品和服務，廣泛散發。或者選擇合適的媒體刊登廣告，比如社區公佈欄、報紙、網路、看板等。還可以製作產品冊頁，擺放到店鋪的顯眼位置，讓來店的顧客能一覽無餘地了解產品、服務。

因為小本生意，如果搞活動，不妨多聯繫幾家商店，一來節約成本，二來提升知名度。

# 擦鞋匠的創業藍皮書

有一類失業者，他們憑藉一技之長，走上小生意之路。這些人的創業故事屢見不鮮。

## 失業莫失意 • 李先生走進養護皮鞋業的啟示

十幾年前，李先生是公司職員，薪水不高，勉強餬口。有一天，他外出路過一個鞋攤，看到擦鞋的老大媽年紀大了，不免動了惻隱之心，主動伸過腳去：「阿婆，請幫我擦擦鞋吧！」

阿婆一面認真地為他擦鞋，一面與他攀談起來。談話間，李先生瞭解到阿婆每月收入幾千元人民幣，比自己還高。他大驚：「真的嗎？」

阿婆笑笑：「當然是真的啦。不過像你這樣有文化的人，還是坐辦公桌比較好。」

為什麼文化人就要坐辦公桌，不能去做生意呢？李先生當時並沒有太在意。可是幾年後，公司經營效益不佳，將他辭退了。失業的李先生徬徨之際，忽然想到這件事：「為什麼我不能做生意創業呢？我要拼一拼。」

經過冥思苦想，一無所有的他想到了主意：「擦鞋的生意大都在街頭路邊，層次很低，如果開一家高檔擦鞋店，專門護養高級皮鞋，肯定會有不少客源。」

帶著這一想法，李先生開始細心觀察擦鞋業的情況，果如他所料，高層次皮鞋清理和保養還是一個空檔，沒有這樣的店。他很高興，立即書寫一份計劃書，規劃投資額度、經營場所等。他知道自己缺少資金，無法獨自開創這樣的店鋪，為了順利創業，他決定到各種高檔賓館、營業場所碰碰運氣。因為他注意到，穿著高檔皮鞋的人，經常出入這些地方。

然而李先生多次光顧這些場所，卻無一人是伯樂，他們根本瞧不起他和他的計劃，把他轟了出去：「你昏了頭不成？跑到這裡找錢！」

多日一無所獲，李先生決定自己動手，從擺攤開始進行資本累積。此後，他天天外出擺攤，不到兩年時間，終於開了第一家高檔皮鞋護養店。這家店鋪開設在高檔住宅社區，每天都有前來養護皮鞋的顧客。而且，他還經常接到來自其他地區要求加盟的熱線電話。

美國鋼鐵大王安德魯・卡內基說：我並不特別，若一定要說有什麼地方比一般人強，就只是比較努力罷！

## 當家做自己‧抓住市場空檔

1. 透過一項特殊的技術創業做小生意，容易吸引顧客眼光。李先生專門擦高檔皮鞋，這就是一項特別的技術。這類小生意，必須抓住技術的獨特性，提供特性服務，尋找需求群體。

2. 做這類小生意，一定要節省投入，減少開支。李先生從地攤做起，該省的全都省了，這才可以賺到更多錢。

3. 最好不要與人合夥。技術性小生意是小本創業，最好單獨做，不然，你會花很多精力用在業務之外，影響生意。

4. 要有非常強的執行力。只有技術，沒有行動，錢不會主動找上門。身體力行，腳踏實地去做，才會開創一片新天地。

5. 懂得經營策略，與市場結合，可以將小生意做大做久。大街上隨處可見擦鞋的小生意人，李先生抓住專為高級皮鞋服務的市場空檔；擦鞋店可能有很多，但李先生想到了加盟經營，為此提升了利潤空間。

## 職場一片天・一技在身，身萬金

俗話說：「家財萬貫，不如一技在身」。擁有一門技術，既可以透過手工勞動養家餬口，還能將技術發展成生意，起家致富。吉利汽車集團的董事長李書福，從小就喜歡動手製造各種工具。他開設照相館時，買不起反光罩，就動手做了一個；買不起皮老虎（清潔相機的用品），也動手做了一個。後來，他開始自己動手做冰箱、摩托車、汽車，並發展成為汽車集團公司。用他的話說：「汽車是什麼？不就是四個輪子、一個方向盤、一個發動機、一個車殼，在裡面放上兩個沙發嘛！」

有了技術，就有了創業的資本，只要能夠將技術與市場結合，就可以開闢出生意空間。

1. 以老闆的心態看待技術，設法讓技術賺錢。

任何行業都存在「二八法則」，20％的人占領80％的市場，80％的人搶奪20％的市場。如果你具備任何一項特殊技術，那麼從現在開始就去研究80％的市場，去做20％的人。如果想靠技術賺錢，就要具備老闆心態，不要只盯著技術本身，而要放眼市場，搞活人際關係。只有把自己當老闆去經營技術，才可能做成生意。

2. 擁有技術的人，很容易發現目前市場上產品、服務的不足，這些不足就是商機，只要用心，就可以滿足它，賺到錢。

3. 擁有技術的人做生意，可以節省一部分開支，還可以身體力行地改進技術，精益求精，有利於累積和發展。

4. 技術性小生意，必須保證品質，突出特色，贏得顧客再來率。顧客相信你的技術，才找上你的門，如果技術不過關，保證他們下次絕不會再來。

5. 技術類小生意，更需要膽量和勇氣，不能怕丟面子。在大街上擦鞋，好多人覺得丟人，根本不去一試。可是用技術為他人服務，這是可貴的，沒有手藝去學手藝，會幫你創業打天下。

## 女人一樣能創業

在失業行列中，少不了女性朋友。她們走出辦公室、走出廠房，從一名有固定收入的白領、粉領，忽然間失去了可靠的經濟來源。這些女性朋友可以躋身到商場嗎？她們是否也能走上創業之路呢？

### 失業莫失意・女子試圖游過海峽的啟示

有一位三十多歲的女子，打算挑戰美國加州附近的一個海峽，成為第一個游過海峽的人。這天早晨，她在家人、教練陪同下來到海岸邊，經過熱身運動後，躍入茫茫太平洋中。

時間一分一秒過去了，冰冷的海水凍得這位女士全身發麻，兇殘的鯊魚一次次從她身邊擦身而過。她不停地游動，向著對岸衝刺。

海面上的霧越來越重，漸漸地，她連身邊的救援船隻也看不到了。這位女士有些恐慌，這時她已經游了十五個小時，覺得自己無法堅持下去了，便請求上岸。

這時，教練和家人出現她的身邊，鼓勵她說：「海岸已經很近了，就在眼前，妳千萬不要放棄啊！」

受到了鼓舞，她奮力向前游去。可是又過去了將近一個小時，除了濃霧，她依然什麼都看不見，她徹底失望，再也不想游了，於是再次請求上岸。

教練和家人無奈，只好把她拉上岸，這時她才發現，自己離目標只剩下半英里了！

事後，她談起自己的失敗，誠懇地說：「我並非為自己找理由，如果當時我能看到對岸的陸地，我一定可以堅持下來。」

> 美籍猶太裔貨幣與股票投資家索羅斯・捷爾吉說：如果你沒有做好承受痛苦的準備，那就離開吧，別指望會成為常勝將軍，要想成功，必須冷酷！

## 當家做自己・失業的女人一樣可以創業

### 1. 失業的女人一樣可以創業

英國媒體就曾發出驚呼：塗口紅的超過了長鬍子的！因為調查顯示，有些地區女性百萬富翁的數量已經超過了男性。

### 2. 理智地對待創業

女人做生意更應該冷靜，不要感情用事，抓住目標和方向，勇敢前進。故事中的那位女士，就是因為看不到目標而喪失勇氣。

### 3. 憑藉性別優勢，選擇合適的生意項目

女性的優勢是心細、有耐心、感覺敏銳、善於理財。適合她們的行業非常多，比如鮮花店、幼兒看護、寵物管理、照顧老年人等，還有一些創意服務、美容美體、諮詢等，都很適合。

## 職場一片天・女性朋友較敏感，更容易感觸到商機

提起女性，還有很多人把她們歸入弱勢群體行列，認為她們不該出現在競爭激烈的商場中。

有三種原因讓她們遠離創業：傳統觀念認為，女性經商做生意是不安分的；有了孩子後，女性多以家庭為中心，消磨淡化了創業的理想；來自丈夫的壓力。有些男性不願意妻子的工作能力比自己強，害怕她們超過自己，由此阻礙她們創業做生意。

因此，從觀念上擺脫不能創業的想法，做一個獨立自主的人，是失業女性的第一要務。既然失去工作，沒有了經濟來源，為什麼不能獨立創業，增加收入？女性創業，需要克服自身的一些短處，發揮優勢，才會將小生意做得有聲有色。

**第一，女性朋友做生意時要理性思維**

商場不相信眼淚，妳必須科學地看待一切人和事，減少情緒波動，明確自己的目標、方向、模式。

**第二，要具有冒險意識，敢於投資、決定，敢於挑戰自我**

很多女性朋友心理承受能力差，寧願模仿別人的作法，也不願冒險行事。須知風險與回報成正比，遇到合適的專案，就該積極準備，勇敢出擊。

**第三，要有長遠眼光，追求大利潤**

職場常見的現象是女性比較注重眼前利益，追求小利潤，一分一毫也不捨得讓給顧客。其實為了穩定客源，獲得口碑和好感，適當讓利是必要的。

**第四，有信心，堅持到底**

做生意，免不了遇到這樣那樣的問題，任何生意都是從無到有、從小到大。在這一過程中，要信心百倍地去分析市場和顧客心理，及時解決遇到的每一個問題，讓顧客、客戶、投資人認識妳、了解妳。

不要害怕問題，躲避問題，只要有問題，就有解決的辦法，正面、積極地對待，是解決一切問題的保證。

## 第五，把握機遇，當機立斷

創業過程充滿未知數，商場變化莫測，機會轉瞬即逝，即便你再聰明、很有經驗，如果缺乏決斷力，在機會面前猶豫不決，也會錯失良機。

以上幾方面，分析了女性朋友應該注意的自身弱勢，但女性如何發揮優勢，用在創業上？

### 1. 女性朋友做事心細、有耐心

小生意更需要耐心和累積。在這方面，女性具有得天獨厚的優勢，她們比男性有更大的忍耐性，善於一點一滴地解決問題，與她們相比，男人只會急不可待，半途而廢。

### 2. 女性朋友較敏感，更容易感觸到商機

女性直覺力比男人準確，她們透過直覺，而不是邏輯推理，就可以準確地看透一個人、一件事。在看影視戲劇時，這方面的特徵最為明顯，女人容易判斷劇中人物的命運、個性。這種優勢，讓女人在生意場可以準確地捕捉機遇、結識客戶，為生意提供有利條件。

另外，女人在聽覺、色彩、聲音等方面敏感度遠遠超過男人，這些優勢可以讓她更準確把握市場走向，比如預知今年的流行色、服裝款式等，運作起來更為從容。

### 3. 女性朋友大都節儉，會理財，可以減少不必要的開支

有人說，「生意是一種高水準的數字遊戲」。既是數字遊戲，自然離不開記憶、計算等問題。誰懂得精打細算？當然是女性。她們具有超強的記憶力，可精確計算得失，減少每一分錢的浪費。

有對夫婦失業後，開了一間小麵館。丈夫覺得自己做了老闆，每天都有收入，也不管收支是否均衡，三不五時邀請朋友兄弟們相聚吃喝。結果月底一算帳，不但不賺，反而賠了好多。幾個月後，麵館開不下去，丈夫打算關門。這時，妻子挺身而出，接管了丈夫的生意。在她管理下，麵館的生意竟然起死回生，逐漸興盛起來。原來，不管是買菜、帳單，她都仔細核算，從無失誤。而且，她拒絕一切不必要的吃喝，節省一大筆開支。

### 4. 女性朋友親和力強，容易拉近與顧客關係

女性善於交流，給人柔和、親近的感覺，容易接近顧客，取得客戶的好感和信任。同樣上門推銷商品，幾乎所有男推銷員都會吃閉門羹；相對有一半女推銷員，可以獲得向顧客展示商品的機會。

### 5. 女性朋友做事執著、認真，能夠堅守一些規則，取得客戶信任和滿意

女性富忠誠性，研究發現，在相同情況下對待同一件事，女人往往會持之以恆，男人大都喜新厭舊。忠誠性體現在生意中，一樣會獲得顧客信賴、他人支持，有利生意發展。

# 不良青年，回頭創業

經營店鋪類小生意，是很多年輕人創業的首選，如何選擇店鋪、裝修店鋪、進貨、存貨，都會關係到生意好壞。

## 失業莫失意 • 花瓶男人經營美容粥的啟示

路懷定是一位風流少年，常出入夜店、娛樂場所，在他身邊，圍繞各種各樣人物，他們追求享樂，討厭工作。路懷定的父母不願意兒子這樣過日子，不斷督促他找份工作，可他回答：「找工作？我不是找了十幾份工作嗎？」

他確實找過多份工作，可想而知，不論哪一種工作他都做不長。最後這份工作，是維修服務。可他拜訪幾家客戶，便得罪幾家，沒辦法，公司只好把他炒魷魚。

「沒有工作更好，」路懷定這樣想，「有更多時間玩樂了。」他憑藉一表人才，加上能言善道，在圈子裡混得相當有名。他的感受是：「很不錯。」

然而有一天，事情出現了大逆轉。路懷定去參加朋友聚會，他看到一位年輕漂亮的姑娘，準備上前邀請她跳舞，沒想到姑娘瞥了他一眼，冷冷地說：「對不起，我從不與你這樣不學無術、膚淺的花瓶男人共舞。」

這句話猶如一盆涼水澆頭，讓自我感覺良好的路懷定大驚失色。這天晚上，他躺在床上難以入眠，思來想去，意識到自己錯了，所謂的「享樂人生」，其實是在浪費時光，埋葬青春。自己多次失業，卻沒有從失業中振奮起來，反而一再沉淪，真是太不應該了。

路懷定有了打算，決心從頭創業。

可是生意好想，事難為。路懷定從一位不良青年，突然金盆洗手去做生意，太不可思議了，就連父母都不相信，不肯借給他資金。

沒有錢，沒有技術，路懷定能做什麼生意呢？他頭腦聰明，想到了經常光顧的一家粥鋪，經營的粥類比較普通，跟他一起吃粥的女士曾經抱怨：「哎，要是有美容粥就好了，喝粥可以美膚。」

想到這裡，路懷定眼睛為之一亮，連忙準備紙筆寫下計劃，並且開始實地考察。一連幾日，他走遍大街小巷，選看適合的店址。他還將計劃書送給親人朋友，徵求他們的意見，與其探討可行性，不如多次光顧美容店，諮詢美容知識。

父母看到兒子真正想做事了，態度立即轉變，主動為他擔保申請小額貸款，鼓勵他說：「只要用心做事，我們會全力支持你。」

經過一系列準備，路懷定的美容粥鋪終於開張了。這家店鋪選在辦公大樓區集中的地段，而不是商業黃金地，租金不是很高，但是每天上下班的白領麗人很多，她們路過此地，一日三餐都可以進店消費。

德國近代政治家俾斯麥說：每個笨蛋，都會從自己的教訓中吸取經驗，聰明人則從別人的經驗中獲益。

## 當家做自己・任何人都可以創業

1. 從頭開始，是做小生意的心理基礎。忘記以前的是是非非、榮辱貴賤，從零開始，全心投入生意中。路懷定改過從善，印證了無論什麼人都可以創業的可行性。
2. 做小生意，要爭取到親朋好友支持。
3. 做小生意，要會選擇最佳店面。
4. 鎖定顧客目標群，讓自己儘快賺到第一桶金。
5. 凸顯個性、特色，吸引更多眼光。

## 職場一片天・店址差一寸，營業差一丈

多數小生意，都是以店鋪經營為主。經營這類小生意，從選擇店址開始，就要進行科學合理地分析和決定。

**1. 俗話說：「店址差一寸，營業差一丈」，選擇好店面，等於占據地利**

一般說來，人潮流量大、資訊流量大的地方，都是商業黃金地段。

**2. 要為自己的店鋪取個響亮、有特色的好名號**

店號是形象，朗朗上口、好記、有特色，會吸引更多人的眼光，引起口口相傳的效果。取名號，應該根據自己經營的貨物而定，比如經營高級飾品、服裝，名字最好洋氣、時尚一些。經營土特產、工藝品，名字最好體現特色，不怕土氣。

**3. 裝修要凸顯個性**

店鋪裝修不必追求奢華、高貴，但也不能粗陋、不夠清潔。在清潔衛生的基礎上，店鋪裝修應該凸顯個性、特色，在顏色搭配方面合宜，與產品和諧。燈光、音樂都要適合整體氣氛。比如經營粥鋪，燈光最好明亮、不要刺眼或者昏暗；音樂要悅耳，不可太強烈或者靡靡之音。

**4. 經營的產品要新穎，價格合理，最好物美價廉**

大家都會開粥鋪，賣八寶粥或皮蛋粥，如果在這些常見產品中獲利，難度較大。如果獨闢蹊徑，賣美容粥、保健粥，提供新的需求空間，自然會有較大利潤。

產品新穎，技術含量不一定高。今天你賣美容粥，明天我也可以賣。所以為產品定價時，不要太高，以免利潤過大，群起效尤，反而影響行業發展。

## 5. 學會宣傳，透過各種方式吸引顧客眼光

店面招牌、櫥窗、包裝、宣傳單、價格單、展示架，都是宣傳的好地方。充分利用這些地方，巧修飾、常更新，給人搶眼的衝擊力，會增加購買欲望。

## 6. 敏銳感知市場變化和時尚元素，做好進貨與存貨準備

店鋪開張，店員、客戶、收支、庫存，以及業務拓展，哪一樣都離不開老闆的管理。小生意人，關鍵是做好兩頭，一進貨，二銷售。只要這兩方面做好，控制成本，提升銷量，生意就能做好。

如何進貨？學問很多，不過最關鍵是與時尚結合，儘量走在市場前面。

如何銷售？當然也是個大問題，不過小生意人只要抓住一點就行：能多賣就多賣，錢財自然滾滾來。比如經營飾品店，一位顧客本來只想購買耳環，這時你要見縫插針把絲巾一起推銷給她。

Chapter4

# 台灣泡菜啟示錄

# 小領導也要有大智慧

把白菜撕成片，然後放入各種醃料，製成美味的台灣泡菜；這款簡單可口的小吃是否可以立即入口？非也。需要事前將它們拌勻，放入冰箱冷藏，大約一天後才會入味。這個過程像極了經營小生意，看似簡單，但想「拌勻」各類「材料」，好比領導小團隊，需要經營者的大智慧。

# 自己當老闆，養成必備的好習慣

獨立做生意，翻身做主人。身為領導，該如何做好老闆？行銷學問中，人才管理必不可少。當然，第一要先管好自己。

## 失業莫失意‧送貨員自不量力的啟示

兔子先生與烏龜先生比賽跑步，因為貪睡而落敗，為此兔子先生非常羞愧，被迫辭去森林田徑運動員的職位，離開森林，到草原上謀求生路。

在這個陌生的領域，兔子先生決心自主創業，成立物流公司。

公司開業後，草原動物表示歡迎：獅子拿出電腦，要兔子送給遠在非洲的親戚；長頸鹿送來幾條圍巾，請兔子送到北方；羚羊編織環保大衣，打算送到聯合國環保大會上……。

看著這麼多業務，兔子先生高興極了，手忙腳亂地簽單接收，然後興致勃勃地飛奔上路。它跑得快，心想：「就憑我的四條快腿，一定可以按時完成業務。」

兔子跑呀跑，很快就到達了第一個目的地——非洲。他觀望異域風景，內心澎湃：「想不到我這麼快就來到非洲！這裡的青草真茂密啊，我先來大吃一頓再說。」牠蹲下身來猛吃，直到肚皮圓鼓鼓了才送貨上門。

顧客接到兔子先生送上門的貨物，瞪大眼睛說：「先生，獅子說送給我的是筆記本電腦，怎麼變成了圍巾？」兔子低頭一看，發現幾條嶄新柔軟的圍巾放在包裝盒裡。

「怎麼會搞錯？肯定是獅子弄錯了。」兔子一邊說一邊收回包裝盒，匆忙提回公司。

這次送貨耽誤了不少時間，獅子、長頸鹿、羚羊紛紛找上門質問：「你怎麼不講信譽，這麼久了還沒有把貨送到？」

兔子先生為自己開脫：「也不知道是誰，把兩件貨物裝錯了。」這時，一匹駿馬出現在公司門口，誠懇地說：「兔子先生，聽說你的公司業務很多，忙不過來。我是跑步健將，工作能力超強，能否聘用我來服務？」

「什麼？」兔子大叫，「用你？你肯定會跑得比我還快嗎？真是自不量力！請離開這裡，我的公司不需要你這樣的人才。」說完，夾起一個包裹，又匆匆地上路。

比爾•蓋茨說：好的習慣是一筆財富，一旦你擁有它，就會受益終生。養成「立即行動」的習慣，你的人生將變得更有意義。

## 當家做自己・對顧客負責、說話算數

1. 當了老闆，就要用老闆的態度看待一切問題，對顧客負責、說話算數、合理聘用人才。不要學兔子，事必躬親，卻什麼也做不好。

2. 從小地方開始，養成做老闆的好習慣。不抱怨，不貪功，認真條理地做好每件事。

## 職場一片天・任何時候遇到問題都不要抱怨

雖說生意不大，人才不多，可是既然已經做了「頭」，就要養成領導的習慣，以老闆的心態去經營、去管理自己的事業。

1. 任何時候遇到問題都不要抱怨

抱怨是推卸責任、尋找藉口的表現，當了老闆，就要勇於承擔責任，為自己負責。如果養成這樣的習慣，天長日久，就有了責任感。責任感是領導的第一能力，會凝聚一大批人才，有利於事業進步。

2. 說話算數，說到做到

做生意講究信譽，有了好信譽，業務源源不斷，信譽差了，誰也不願上門給你送錢。

不管多麼微不足道的承諾，不管遇到什麼困難，都要想盡辦法兌現，這才是正確的領導態度。

### 3. 頭腦清晰，做好手邊的每項工作，不能忙中出錯

很多人第一次做老闆，被業務、客戶、員工搞得眼花撩亂，因為他們失業前工作比較單純，或者工作環境較單一。現在不一樣了，你是老闆，麻雀雖小五臟俱全，小小的公司完全靠你一人掌控。如何讓工作正常運轉，不至於忙中出錯？最好從一開始就養成清晰整理好手邊每項工作的習慣。一份報表、一張進貨單、一張名片……都要有序地規整好。不妨做一個辦公架，將各種有關的物品整齊放好；網路辦公，要將各種檔案整理好，規律存放；店鋪內的貨物，設計好安放位置，各就各位。

### 4. 敢於放手，讓員工承擔事務

善於合作，是做老闆的必修課，這樣才容易找到合作夥伴和員工，讓他們發揮長處，為公司貢獻力量。

有些人不會做老闆，凡事親力親為，認為這樣既放心，還可以節省開支。殊不知，要想將生意運轉下去，單打獨鬥是不行的。從現在開始，挖掘每一位人才的特長，大膽讓他們去做合適的事，很快你就會擁有一個了不起的團隊。

### 5. 勤奮刻苦，不要急於求成

天道酬勤，這是古訓，也是成功的最基本原理。勤奮做老闆，不僅要求自己多動手、多做事、多下市場、多與顧客交流，還要多了解資訊、了解行業情況，進行合理分析和科學決策。

還有，創業不是一天兩天的事，要想成為成功的老闆，就要耐得住勞累、寂寞，投身到生意中。

# 十元成就創業的董事長

老闆應該具有一雙慧眼，善於從細枝末節中發現問題，為自己培養可靠的人才，讓他們成為自己的左右手。

## 失業莫失意・美髮學徒創業成功的啟示

女孩是髮廊的學徒工，每天早早地趕到店裡，趁客人來之前清掃收拾店鋪。

一天清早，當她正在打掃時，一位衣著華貴的夫人急匆匆走進來：「昨晚洗髮後，不小心壓亂頭髮，麻煩妳幫我弄一下。」

女孩很為難，雖然她來這裡三個多月了，可從沒有拿過吹風機、動過剪刀，她只負責店鋪的衛生。她誠懇地說：「夫人，對不起，我是學徒工，美髮師還沒來！」

夫人並不介意：「沒關係，我急著去車站接人，轉了好幾家髮廊，都還沒有開門，妳不用太在意，為我吹吹風，簡單梳理一下就可以了。」

女孩咬緊牙，拿起吹風機：「我試試吧。」這是她第一次為顧客服務，不免手抖心慌。

好在她平日勤懇好學，雖沒有正式為客人服務過，但見多了美髮師們為顧客美髮，還是有些技巧。十幾分鐘後，她終於為夫人整理好頭髮。

夫人在鏡子前滿意地打量自己，隨手遞給女孩二十元錢。女孩說：「吹風只收十元。」

夫人笑笑，並沒有拿回其中的十元，而是說：「收下吧，這十元是你的小費。」說完，轉身離去。

轉眼間，九點鐘到了，老闆、美髮師們陸陸續續來上班了。女孩把二十元錢交給老闆，說出早上發生的事。老闆沒說什麼，默默地把錢放進錢櫃裡，並在帳本上記下這樣一行字：吹風十元＋誠信十元。

一年後，女孩學會了美髮手藝，這時老闆打算到外地開一家連鎖店，就把髮廊的生意託付給女孩。

「我？」女孩驚訝極了，「我才工作一年，資歷太淺了，再說……」

「呵呵，」老闆笑起來，「妳不用擔心，只管放心經營，賺了歸妳，賠了歸我。」為了以示正規，老闆和女孩簽訂合同。

女孩接管了髮廊，年底，她將經營所得利潤和合同一併交給老闆。老闆說：「不是說好了嗎？賺了歸妳，妳還給我盈利的那一部分做什麼？」

女孩說：「髮廊是妳的，利潤應該歸妳，要是我收下，會良心不安。」

在女孩再三懇求下，老闆收下了這筆錢，並請女孩吃飯。席間，女孩不好意思地問：「妳怎麼對我這麼放心呢？難道一點也不擔心嗎？」

「不擔心！」老闆乾脆地說，「自從上回妳多交給我十元，我就知道，妳是值得信賴的。」

後來，女孩不僅成長為優秀的美髮師，還跟老闆一起，開創了美容美髮公司。在她協助下，老闆不再是小髮廊的主人，進一步成為擁有數百員工、學員，年營業額超過千萬的董事長。

本田技研工業公司創辦人本田宗一郎說：總經理並沒有什麼了不起，他只不過是能把命令系統清楚地轉換成符號。

## 當家做自己・誠信是商業的第一法則

1. 有智慧的老闆能看到員工的優點，並給他們發揮優點的機會，將優點放大，照亮自己的生意。故事的小老闆從十元中，看到女孩的誠信品格，所以才放心地把髮廊交給她。
2. 誠信是商業的第一法則。人心換人心，誠信換誠信，只有相信員工，才會得到員工的信任和認可。

## 職場一片天・從小事洞穿員工的內心

職場人才良莠不齊，一間小小的餐館內，有廚師、服務員、採購員各色人等，他們是不是值得信賴？

首先，要考慮員工的誠信度。誠信是做人的準則，誠信的人不僅說話算話，還具備執行力強、忠誠可靠、與人為善等多種優良品質。讓這樣的人做事，他們會把生意當成自己的事，認真負責。

如何發現誠信的品質呢？這就要求做為老闆者善於洞察秋毫，從小事洞穿員工的內心。故事中的老闆，就是位好老師，她從女孩交給自己額外的十元的細節中，看到了一位不貪財、誠實肯幹的員工形象。十元事小，卻映射出一個人的內心世界。

執行力強，一般透過三個方面表現出來：

1. 聽從指揮，服從安排，從不自以為是，能夠盡職完成份內的工作。
2. 時間觀念強，不拖拉、不敷衍。
3. 具有集體主義榮譽感，能夠與人和睦相處，以公司的榮耀為榮。

其次，要考察員工的工作能力。能力強弱，是靠做事做出來的。因此，老闆要多給員工機會，讓他們多做事，從他們做事的態度中，可以發現能力高低。有些人專愛阿諛奉承，以此討好老闆。所以老闆不能聽員工們如何「說」，而是要看他們如何「做」，做得好才是真的好。

有一位董事長視察餐廳工作，餐廳經理圍在他身邊不住地吹噓自己工作如何賣力。可是，董事長去了一趟洗手間，回來後立即宣佈「從今天起，由負責洗手間衛生的人替代餐廳經理工作。」原來他發現洗手間特別乾淨，超出了餐廳衛生。

工作能力強弱，體現在工作態度上。用心做事，能夠拿出80％以上的時間和精力做本職工作，這就是優秀員工。

再來，應該相信員工，這是最直接、最公正地了解員工的途徑。主動提出問題，是一個好習慣，可以創造一個開誠佈公的氛圍，更快地解決問題，以免影響公司正常運轉。

# 把客戶當老婆，把股東當娘舅

經營生意，離不開與客戶、股東打交道，有了客戶，才有利潤；有了股東，才有資金來源。客戶就是老婆，可以給你提供飲食所需；股東就是娘舅，離開他們，就失去重要支持。只有處理好與客戶、股東的關係，才有可能坐穩老闆這把交椅。

## 失業莫失意．投資智力的啟示

獅子老了，抓不住獵物，就開了一間外貿行，專營買賣國外商品。狐狸聽說後，覺得有利可圖，便急急忙忙跑來說：「大王，我要投資，我要做外貿行的股東！」

「好啊！」獅子說，「可你用什麼投資呢？錢，還是物？」

狐狸說：「大王，我投資的是我的智力。我是草原上最聰明的動物，憑我的智力，一定可以為你招攬很多客戶。」

「太好了。」獅子說，「自從生意開張，還沒有一位客戶上門呢。既然你投資了智力，那麼，現在就去聯繫客戶。」狐狸奉命而去。

狐狸來到森林，看見幾頭梅花鹿正在快活吃草，走過去招呼：「嗨，朋友！你們聽說了嗎？獅子開了一間外貿行，裡面的貨物備齊了。」說完，狐狸掏出宣傳單，遞給梅花鹿看。梅花鹿小姐看到宣傳單上漂亮的貨物，一個個驚喜地叫道：「哎呀，真漂亮，這是義大利的包包，這是紐西蘭的皮草。」牠們興高采烈地指指畫畫，並請狐狸帶路前去外貿行購物。

狐狸帶著梅花鹿小姐來到獅子的外貿行。獅子見到梅花鹿，忽然食欲大開，與其賺牠們的錢謀生，還不如吃掉牠們算了！獅子想到這裡，伸出爪子撲向梅花鹿。

一頭梅花鹿被捕獲了，鮮血直流。其他梅花鹿見此，嚇得拔腿逃跑。頃刻間，草原動物都知道獅子以外貿行為名，騙吃動物的惡行。

獅子大口地吃著鹿肉，早已忘記身邊的狐狸。狐狸看到這樣的事，大叫著：「你這頭貪吃的獅子，我投資了智力，幫你騙來了鹿。無論如何也該分些肉給我吃吧？」

> 安海斯•布希公司創辦人安海斯•布希說：贏得所有業務往來關係人的信賴，是非常有價值的資產。

## 當家做自己・把客戶當做老婆，永遠放在第一位

1. 獅子吞吃客戶，自然砸掉買賣，牠不分給狐狸肉吃，也失去了股東信任。經營失敗，無可避免。
2. 做為老闆應該把客戶當做老婆，永遠放在第一位，去關懷、愛護，設法讓對方與自己心貼心、心連心。
3. 做為老闆要把股東當做娘舅，尊重、愛戴他們，維持良好關係。

## 職場一片天・客戶第一，員工第二，股東第三

日本企業家小池先生年輕時為一家機器公司擔任銷售代理，不到十五天就跟三十多位客戶做成生意。可是這時他忽然發現自己賣出去的機器，比起同類產品價格高了一些。他非常著急，立即帶著銷售單火速地聯繫客戶，用了三天時間才拜訪完畢。他將真相告訴客戶，並請他們重新考慮選擇。客戶們被小池先生的態度感動，不但無一人退貨，而且還成了他的忠實客戶。

經營小生意，客戶地位第一。客戶滿意了、認可了，才有小生意可做。阿里巴巴掌門人

馬雲說：「客戶第一，員工第二，股東第三」，道出了客戶在經營中的位置。

當老闆做生意，如何與客戶打交道呢？一句話，要把客戶當做老婆。誰都想娶一位合意的老婆，如同老闆都想尋找到有心的客戶一樣。可是這樣的客戶在哪裡呢？

根據客戶產生價值的不同，一般將他們分為A、B、C三類：A類客戶指的是需求量大、訂單豐富、單價高的客戶；B類客戶訂單的單價較高，不過要比A類低一些，而且數量要少；C類客戶指的是一些散戶，偶爾有需求，價格也較低。在行銷中，最常見的是C類客戶，其次是B類，A類最難遇到。

生意伊始，經營者應該廣泛地撒網尋覓各類客戶，不加選擇地去吸收。只要不虧本，就可以接單。這種方法一可以增加銷量，二可以不斷累積客戶。

只有客戶達到一定數量，才可以有選擇性地分類、淘汰，去粗取精，留下最合適的客戶群體。

有了目標客戶，就要像追求愛人一樣勇敢去追，並與之發展感情。比如約定拜訪的時間，交代清楚自己的情況。與人約見，最好事先打電話，讓人有準備；不要急於求成，希望一次見面就能拿到訂單。第一次約見，時間不要過長，交談不要過於密切，給人留下美好的第一印象就可以了。

與客戶的交往中，必須經常溝通，加強彼此之間的感情，才會維持關係。多交流不是追著對方不放，也有一定技巧：

1. 真心實意地與客戶交往，而不是只關心業務、訂單、銷量。從生活上、感情上與對方溝通，比如記住他的生日，在他有困難的時候伸出援手，節假日送去問候等。

2. 平等交往，千萬不要低三下四地乞求。以平等、互相尊重的心態交往，很多事情會水到渠成。

3. 與客戶交往，最好拉長拜訪週期。比如可以一次性完成的事情，分成兩次、三次去做。透過增加見面交流的機會，加深彼此印象。比如訂購服裝，第一次送去基本資料；第二次送去一些相關資料；第三次送去樣本。次數多了，客戶跟你熟悉了，交往就方便多了。

4. 利用簡訊、網路交流。文字交流可以彌補不愛說出心裡話這一缺陷。簡訊、網路聊天非常普及，如果利用好這一途徑，會加深與客戶之間的關係。

5. 不要總是催著客戶訂單、訂單，要給客戶留下空間，留出決定的時間。這叫欲擒故縱。

客戶之外，經營者還要面對一群重要的人－股東。德國巴斯夫公司股東年會召開時，一名股東代表提出異議，認為公司併購英國醫藥公司的過程不夠明朗。他說：「既然董事會多數成員並不擅長英語，這一收購卻為何進行得如此順利？」他的異議引起大多數股東同感，這些人全都不解地盯著董事長先生。董事長先生面對全體股東，詼諧地說：「其實，我們什麼也沒有說，只是把錢推到桌子另一邊。」

這一個故事告訴經營者應該如何處理與股東的關係：首先，尊重對方，定期開會，彙報公司運轉情況。其次，會議不要太長，最好越開越短，讓大家都能開心地度過這一時光。再來，善於說服股東，掌握主動權。

# 把員工當子女撫養

員工是打仗的兵，俗話說：養兵千日，用兵一時。聰明的老闆不但會處理與員工的關係，還會加強培訓，提升他們的工作能力。

## 失業莫失意・廣告公司打字員創業的啟示

多年前，阿紫是一位打工妹，曾經在服裝廠、餐館等多種行業打過工。在這期間，她接觸到各式各樣的老闆，嘗盡人間的酸甜苦辣，讓她最感慨的是：「這些人辛苦創業，每天算計著賺多少錢、贏多少利，也夠不容易的。可他們的生意很難做大做久，員工也是隔三差五地跳槽，這是為什麼呢？」

後來，阿紫在一家廣告公司做打字員，公司有十五位職工。老闆為人苛刻，愛發牢騷，動不動就訓斥員工。這還不算，每次發薪水，他都會說：「你看看，是我養活你們。你們應該對我負責，好好工作，不要對不起我！」這樣的話任誰聽了也不會高興，所以大家都很沉悶。

有一天，老闆到外地出差，臨行前吩咐大家按時完成任務。老闆走後，大夥立刻高興地有說有笑，恢復生機。這時，恰好有位客戶前來洽談業務，阿紫剛想接待他，就聽一位同事喊：「對不起，老闆不在，我們說的不算，你過幾天再來吧。」就把那位客戶打發走了。

可是這位客戶急等著宣傳一批進口商品，哪裡等得到老闆回來，這筆業務就這樣沒做成。聽說這位客戶的業務量很大，可他再也沒有與阿紫所在的公司聯繫過。當然，由於老闆的過於刻薄，公司的同事接二連三跳槽走人。沒多久，公司發不出薪水，阿紫只好走人。

失業後，阿紫沒有繼續尋找工作，她得到父母支持，開了一家服裝加工店。店面很小，只有兩名師傅、三個工人。阿紫的生意就這樣艱難起步，對她來說，最深刻的管理經驗就是如何與員工相處。她吸取了從前那些老闆的教訓：薪水不高，但是按時發放；拿員工當親人，關心愛護他們。

在這樣的思路指導下，阿紫每天與員工打成一片，員工病了，她親自找車將對方送到醫院；員工遇到困難，提前支付給她們薪水；需要加班加點，事先爭取她們同意；有人過生日，大家一起慶賀。

有了阿紫無微不至的關照，員工們工作十分積極。有時候，阿紫資金周轉不靈，她們會主動說：「沒關係，晚幾天發薪水也可以。」為了增加業務量，員工們還發動親朋好友的力量宣傳。

小小的加工店在阿紫和同事們努力下，經受風吹雨打，並不斷擴大規模，經過十幾年發展，成為擁有上億元資本的時裝公司。

李嘉誠說：如果沒有那麼多人為我做事，我就算有三頭六臂，也沒有辦法應付那麼多的事情，所以成就事業最重要的是有人願意幫助你，樂意跟你工作，這就是我的哲學。

## 當家做自己・個人魅力是吸引員工的第一動力

1. 善待員工，就是善待自己，善待自己的企業。創業之初，沒有優厚的薪水和待遇，就要靠親和力去凝聚員工，讓他們樂意與你共同奮鬥，開創未來。
2. 個人魅力是吸引員工的第一動力。
3. 員工是朋友，多交流、多溝通，多傾聽他們的意見。
4. 給予無微不至的關懷、幫助，把他們當做自己的子女，去培養、去發現，讓他們把公司當成自己的家。

5. 不要總是想到錢，而是如何幫助顧客、如何為客戶賺錢。

## 職場一片天・超過二小時以上的溝通

小公司老闆，要想與員工搞好關係，首先要以身作則，帶頭做好工作。跟員工零距離接觸，彼此熟悉，如果讓他們信服你，必須以個人魅力說服大家。工作中出現問題，應該公事公辦，不要袒護、護短、或者徇私情。

多與員工溝通，可以制訂制度，幾天召開一次小型會議、每天一早一晚做總結等。有一個著名的網站公司，擁有兩千多名員工。多年來，老闆堅持與每一位員工面對面交流的原則，與他們每個人都有過至少二小時以上的溝通。

要想員工努力工作，就該把員工的利益放在前面。按時發放薪水，提供培訓機會，讓他們有進一步發展的前景。

在店鋪、公司內放置技術類、專業類、或者創意性、勵志類圖書，以及相關業務的報紙、資料等，員工休息時可以閱讀，獲取有益養分。

如果有專業報導、研討會、名人講座的機會，不妨多讓員工去參加。

如果有能力，可以聘請相關專家、成功人士前來公司演講，與員工面對面交流、接觸。該參加的培訓一定要參加。比如加盟店，需要統一的培訓和管理，一定要讓員工前去參加培訓。不要為了省事或者省錢，不讓員工前去，或者偷工減料，本該十人培訓，卻只派五個人去。例如化妝業、美髮業，創新天天發生，你今天不改變，明天就會遭淘汰，因此必須定期參加研習，提升職員能力。

為了提升員工能力，公司內部可以設立獎勵制度，鼓勵員工提意見，改進技術，進行新創造和新發明。

## 擁有自己的「夢幻團隊」

有些人說：「我們剛剛創業，每天忙得焦頭爛額，哪有好臉色給員工？我們無時無刻不考慮如何籌集明天進貨的錢，哪有能力滿足員工福利待遇？……」

從失業走過來的老闆，常陷入上述狀態。他們不懂得管理，不知如何打造自己的團隊。

### 失業莫失意・火鍋店管理出問題的啟示

六年前，安先生學到了一手好廚藝，先後在幾家飯店掌廚，累積了豐富的經驗，和一筆可觀的積蓄。

他不願意長期為人打工，夢想擁有自己的飯店。二年前他從飯店辭職後，沒有繼續找工作，而是奔波在城區內，租下一處大約二十多坪的小店。小店在住宅區內，客戶群固定，安先生為了增加銷售，採取秋冬兩季主打火鍋、春夏料理家常菜的經營策略，來滿足顧客需求。

為了節約開支，也為了管理方便，安先生沒有聘用外人，直接從老家請來了表弟和朋友幫忙。憑藉著激情、熱情和互相之間的信任，他們的小店生意興隆，一年後創業資金就翻了兩倍。

有了錢，安先生打算繼續擴大經營，他頂下一家約七百坪的飯店，打算大幹一場。可是不到半年，他發現生意不但沒做大，反而到了再不轉手就虧空的程度。「怎麼回事？」安先生覺得納悶：「人還是那些人，只不過多了二十多名員工；經營還是那樣經營，由表弟和朋友負責財務、採購和日常管理。我對他們百分之二百的信任，問題絕不會出在他們身上。」

事情果真如此嗎？安先生百思不得其解之下，只好去諮詢有關管理專家。專家聽了他的故事，竟然說出了與他所料截然相反的答案。專家指出：「先生，問題恰恰在你任用的兩位主要管理者身上。他們是你創業的朋友，為你立下過功勞，所以你信任他們，重用他們，可你知道嗎？當初你的飯店規模小，談不上人員管理問題。現在不同了，二十多名員工，需要規範的制度來約束、管理。可你依然任人唯親，不按照市場規律做事，沒有可行的制度，你的兩位助手也不學習管理知識，這樣下去，生意當然會出問題。」

**李嘉誠說：你要相信世界上每一個人都很精明，更令人信服並喜歡與你交往，那才最重要。**

## 當家做自己・不要讓人情味氾濫

1. 不要讓人情味氾濫。安先生信任老員工，重用他們，體現出濃濃的人情味。可是現代企業經營，是理性的，過濃的人情味會蒙蔽人的雙眼，造成用人不當。

2. 制訂有效的制度，約束每位員工，包括自己。一碗水端平，只要是自己的員工，不分新老、不論親疏，都要用同一標準對待。

## 職場一片天・不要任人唯親，應該唯才是用

俗話說：無規矩不成方圓。公司雖小，但一定要有自己的規章制度，以制度約束眾人，做到人人遵守和執行，將大大提高工作效率，減少許多麻煩。

第一，制度應該公平地對待每個人，而不是為某些人開綠燈。既然是制度，就是一個準則、一個尺度，其中公平、公正是基本原則。

第二，公司小、人員少，制度最好簡單可行，不要太繁瑣、太苛刻，或者太學究、不切實際，讓人不知所云，這樣會降低制度的威信。正確的制度應該簡潔明瞭，幾句話講完，讓大家易記易於執行。

第三，令行禁止、賞罰分明。有了制度，就要按照制度辦事，觸犯制度條例，該罰就罰，不管他是誰，都不能袒護包庇。如果一次不罰，就會讓制度失去效能，失去約束作用。該獎勵的一定要獎勵。有些小企業主為了鼓舞人心，提出很高的獎勵措施，結果員工完成任務了，他卻閉口不提獎勵的事。而且還為自己的行為找理由：「沒有公司，哪有你的機會？」小企業主的這種作法，看似精明，實則是自掘墳墓，讓員工失去動力。

制度會提高管理效率，讓公司健康發展。對於小企業來說，制度一時半刻很難完善，加上企業處於不停變動之中，制度也會跟不上前進的步伐。這時老闆要想打造一支夢幻團隊，帶領員工同心協力向前進，還需要注意其他問題：

不要任人唯親，應該唯才是用。親人最大的優點是值得信任，最大的缺點是難以管理。很多時候抹不開面子，該說的不說，該做的不做，耽誤很多事情。

老闆要像突擊隊長一樣，團結每一位員工，帶領他們衝鋒陷陣。小企業的魅力，說白了是老闆的魅力。再好的管理、制度都不如老闆一句話，這是不合理的現象，但也有用處，可以快速及時地解決問題，老闆應該充分利用這個「特權」，因時因地制宜，給員工信心和希望，鼓勵帶領他們，調動他們的積極性。

## 讓物盡其用，人盡其才

老闆頭疼的事，不是資源匱乏，缺錢少物；就是人才短缺，找不到合適的員工。解決這些問題，可以從內部找辦法，如果能夠讓「物盡其用，人盡其才」，相信你會驚訝：「原來我有這麼多資源、這麼多人才可用！」

### 失業莫失意・我是瘋子，但不是呆子的啟示

有一位高級心理學教授受邀到精神病院視察。工作結束後，他準備返回。但他氣憤地發現，自己的汽車車輪被人卸下來一個，扔在路邊。教授怒聲嚷道：「肯定是哪些瘋子幹的！太可惡了！」他一邊叫著，一邊蹲下身子，打算親手把車輪裝上。然而讓他更生氣的是，卸車輪的人把螺絲也拆掉了。沒有螺絲，如何裝上車輪？教授一時間一籌莫展。

這時，一位瘋子忽然笑哈哈跑過來，大聲說：「我有辦法。」說完，他彎下身子，快速地在其他三個車輪上忙碌，不一會兒，就從每個車輪拆下一顆螺絲。

用這個三顆螺絲，瘋子很快把拆下的車輪裝上去了。

教授目瞪口呆地看著這一切，忍不住驚奇地問瘋子：「請問，你是如何想到這個辦法的？」

瘋子笑呵呵地對著教授說道：「我在精神病院，是瘋子，可我不是呆子，不是書呆子！」

美國華爾街股票投資人威廉・歐奈爾說：股市贏家的法則是：不買落後股，不買平庸股，全心全力鎖定領導股！

## 當家做自己・用人不疑，疑人不用

1. 一個蘿蔔一個坑，明確崗位責任，讓每個人都能擔負起相應的工作任務。用人不疑，放手讓員工做事，不要總是跟在後面吹毛求疵。
2. 靈活機動地安排工作，讓員工互相配合，構成一個有機體。
3. 不管業務多麼繁忙，都要心中有數，了解庫存量、資金占用情況、客戶資訊、銷售資訊等。

## 職場一片天・不要一棍子打死所有人

法國有一家著名的小企業，只有一二〇人，卻實現了年銷售額超過千萬歐元的業績。這家公司生產全鋁風帆遊艇，公司老闆在談到管理經驗時說：「讓每個環節都做到物盡其用、人盡其才，是我們實現高效經營的法寶。」公司一二〇人，只有五名管理人員，包括老闆、老闆助理、市場經理、財務經理、生產經理。一個蘿蔔一個坑，一點也不浪費人才。

時下，龍骨帆船成為主流產品，可是這家公司依然堅持自己的全鋁製造，公司老闆表示，未來也不會涉足別的領域。他認為，企業發展的好壞，不在於資金和規模，而是取決於管理、市場和服務。」

小企業運轉離不開合理使用人才和管理物資兩方面，這是管理的要點，如果能夠做到「人盡其才、物盡其用」，將是最大的贏點：

### 1. 發掘每個人的長處，盡可能地安排員工做擅長的事

員工到公司工作，是來做事賺錢的，不是聽你教訓、糾正缺點的。這是老師的任務，不是老闆的工作。做為老闆，你要想放大員工的優點，唯一的辦法就是讓他做擅長的工作。一家公司招聘了一位維修工程師趙先生，此人既有經驗還愛學習，似乎是最佳人選。可是工作幾天後，老闆發現趙先生為人固執，不善變通，經常得罪客戶。但是老闆沒有解聘他，而是

想到他的這個性格特點完全可以勝任另外的工作—倉管。這個職位很少與人打交道，每天收發貨物，需要的就是照章行事。果然，趙先生做了倉管人員後，工作十分得心應手。

## 2. 學會激發員工的積極性

對於做得好、工作勁頭足的員工，要不惜言辭地誇獎、表揚，帶動工作氣氛。在言語之外，還要有實際獎勵，比如合理的升遷、獎金、假期、旅遊等。

## 3. 寬容地對待每個人的缺點，不要一棍子打死

好老闆是伯樂，而不是監工，要是你的眼睛專門盯著員工的缺點，可能你得天天在公司門上張貼招聘啟事，天天忙著聘用新人了。

## 4. 老闆要學會安排工作，讓員工們形成一個互相配合的工作流程

小公司內，員工們的工作量往往較大、較雜，一個人就是一個部門，有時候做了這個忘那個，怎麼辦？只有大家互相提醒、互相幫助才會完成任務。

## 5. 對於經常「冒犯」員工，需要慎重對待

這些人往往很有個性，不過一旦為你所用，會成為工作的能手，而且他們大都有與眾不同的觀點、思想、意見，會給企業帶來創新。

## 6. 培養親信，讓他們暫時管理公司

這個作法看似拉攏、瓦解團隊，實際上在創業之初，效果明顯。因為你本人做為老闆，事務繁多，很難面面俱到，如果有了親信，他們隨時隨地向你彙報公司情況，會減輕你的工作量，讓你及時操控公司的運轉。

# 合夥打天下

有些經營者常抱怨：「我待他們那麼好，他們為什麼還是離我而去呢？」「他們」指的是員工。這不，佳吉物流公司的老闆吳女士就遇到了這種情況。

## 失業莫失意・養花女創業的啟示

吳女士從白領到老闆，中間經歷了許多坎坷和磨難。她創業時，幸虧朋友的支持和員工們不離不棄地追隨，公司才有了今天的規模。然而讓她意想不到的是，上個月的薪水剛剛發下去，金海倫就遞交了辭呈。

吳女士大驚，金海倫是公司的第一批員工，算是元老級。當初，公司舉步維艱，別說薪水，連日常開支都支付不起，員工們紛紛離開，唯有金海倫留下來，與吳女士一起支撐危局。正是這份感情，吳女士一直十分敬重金海倫，在公司步入正軌，生意興隆後，提拔她做了辦公室主任，還加了薪水。

為什麼這個時候她要離去？吳女士非常困惑，找到了金海倫說：「是不是薪水不夠高？

我還可以再給你加。」

金海倫沒有吭聲，只是輕輕地搖搖頭。

「那……是不是工作上有困難？」吳女士繼續猜測。

金海倫再次搖搖頭。

吳女士想不出其他原因，只好以「緣分盡了」為由安慰自己，並在金海倫的辭呈上簽了字。

望著金海倫離去的身影，吳女士感傷萬千，她說什麼也想不到自己一手培養的人才就這樣流失了。

時光如梭，半年時間很快過去了。一天，吳女士到郊區買花，意外發現金海倫在這裡辦了一個花圃，成了養花女。她驚異極了：「怎麼會這樣？好好的辦公室主任不做，怎麼跑到這裡來養花？」

金海倫不好意思地說：「其實，我也不想離開公司。可是一想到自己永遠是個打工者，不能像股東一樣參與分紅，就覺得自己再賣命，也沒有多大意義。」

原來如此，吳女士恍然大悟，這些年自己忙著創業，竟忽視了公司骨幹們的需求。他們是自己創業打天下的主力，作用甚至超越了老闆。如果與他們共同掌管公司，分享成果，互相分擔責任和義務，不也是一條好的出路嗎？

雅達利電腦公司創辦人諾蘭恩・布希奈爾說：我自是行動主義者，相信跟我有同樣構想的人必定為數不少，只是我能付諸行動，而他們什麼也沒做。

## 當家做自己・合夥打天下，必須責權分明

1. 合夥打天下，必須責權分明。
2. 拿出一定的股份與老員工分享，可以調動他們的積極性。讓擁有股份的員工把持重要崗位，會減少老闆的麻煩，提高效率。
3. 兔死狗烹，老員工倚老賣老，過分要求，必須嚴厲遏制。

## 職場一片天・學習為員工描繪遠景

企業發展到一定程度，誰都想從中分到更大一塊蛋糕，老員工冒著風險陪你一起打天下，希望獲得股權，這是合情合理的要求。但是公司實行股份制，是有章可循的制度，應該照章行事，不能徇私情，更不能胡亂分紅。

首先，不管資格多老，員工都必須購買股份，或按公司決議，領到屬於自己的股份。其次，股份制度實行後，股東按照規定享受分紅權利，但也承擔相對責任和義務。股東只有建議權，沒有決策權，不能干涉老闆正常工作；另外，雖然做了股東，但還是員工，必須服從公司制度，服從指揮，做好份內工作。如果工作不合格，公司有權扣罰薪水、甚至將其開除。

實行股份制，目的是為了公司發展，經營者在經營過程中，可以把這些享有股權的員工安排到重點崗位，他們希望多分紅、希望公司做強做大，不用督促就會賣力工作，同時還會省去老闆很多麻煩。

老闆除了掌握這些技巧外，還要多學習、多思考，深切體會做領導的種種訣竅。這裡有一個辦法必須得提：給予信心和希望。不管是老員工，還是新員工，他們都希望公司長遠發展，自己能在這裡實現人生夢想。

讓員工看到希望。如果員工在公司上班，目的只是每個月固定的那些薪水，幾乎可以肯定，他們不久就會離開你。即使提高薪水，他們也會走馬燈似地不停變換工作，不會為你保存一個「創業根本」。

所以，做為老闆，要學習為員工描繪遠景，告訴他們：公司會做大，你們的薪水、職位都會提升。你們在公司裡會得到鍛鍊，會成為未來的 CEO。

Chapter5

## 寶島肉圓啟示錄

# 創業有產品也要有服務

或煎或蒸，或圓形或三角形，形式多樣，口味豐富，這是台灣的美食—肉圓。彰化肉圓名聞天下，創立於一九七一年的肉圓老店，秉承傳統特色，為顧客奉獻皮薄、筍鮮、肉多的獨特肉圓，還為顧客奉獻了一份獨特的家鄉味。這其中，不僅產品物美價廉，還包括無人匹敵、親切服務的情懷。

# 比明星更擅長自我包裝

「我的店鋪有人光顧嗎？我的產品會不會乏人問津？」失業者走向創業，幾乎都會為這些問題焦慮擔憂。

只有吸引顧客，賣出去產品，才有可能獲得利潤，這是最簡單的道理，因此失業者走向創業，這種憂心是正常的。可是看看自己的店，看看手裡的產品，你有沒有信心呢？現在讓我們走進行銷學問中，看看如何讓顧客掏錢，自動自願前來購買你的產品。

## 失業莫失意•可口可樂玻璃瓶的啟示

一八九八年初秋某日，魯特玻璃公司的年輕工人亞歷山大•山姆森高興地邀約女友，準備去湖邊划船。當他見到女友後，立即被她一身的打扮吸引住。女友穿著一身筒型連衣裙，顯得高挑嫵媚。特別是她的腰部和腿部，在豐臀映襯下，更加纖細動人。

亞歷山大與女友約會結束後，在回家的路上靈感突來：「根據她的裙子樣式，設計一款新型玻璃瓶，一定別具特色。」

亞歷山大是玻璃瓶公司的工人，擁有得天獨厚的條件，回到家裡立刻拿來紙筆開始描畫、設計。經過多次修改和反覆推敲，他的新型玻璃瓶圖樣誕生了，外觀看上去就像一位亭亭玉立的少女。而且他還精心測算了容量，玻璃瓶剛好盛下一杯水。

公司設計人員看了這個圖樣，紛紛稱讚，建議公司生產。第一批玻璃瓶問世後，所有見過的人都讚歎這種產品造型別致。亞歷山大是一個聰明青年，富有商業頭腦，立即為這個新型玻璃瓶申請專利。

故事如果到此為止，還算不上奇蹟。見證奇蹟的時刻還在後面。

當時，恰好可口可樂公司為了推廣產品，決定尋求新型包裝。決策者在市場上見到了亞歷山大的新型玻璃瓶，當即產生了強烈好感，認為用它裝可口可樂，一定會提高消費者興趣。

於是談判開始了，經過討價還價，可口可樂公司以六百萬美元的天價購買了玻璃瓶專利。那麼，可口可樂公司花費的這筆巨大投資到底合算不合算呢？事實證明，自從使用了新型玻璃瓶後，不但可口可樂銷量直線上升，而且產品地位提升。原來這款新型玻璃瓶不僅外形美觀別致，還由於獨特設計，讓人手拿時不易滑落，非常安全。更為令人稱道的，當然是它中下部扭紋型花樣，就像少女穿著條紋裙子，而且瓶子中間凸出，視覺容量比實際容量大得多。

一系列的優點造就了這款新型玻璃瓶，也造就了可口可樂的神奇歷史，帶來豐厚的回報。直至今天，可口可樂玻璃瓶包裝，依然採用這款獨特樣式，它已經成為可口可樂的象徵之一。

民諺：商品不開口，檢查看苗頭。

## 當家做自己・抓住顧客心理進行包裝

1. 一樣的產品，不一樣的包裝，會產生不同的效果。
2. 抓住顧客心理進行包裝，突出需求。可口可樂玻璃瓶已不再是簡單的容器，它還滿足了顧客的心理需求：商品不僅要安全實用，而且還要物美價廉。
3. 學習一些色彩技巧，比如紅、黃、橙色代表成熟、味美，白色代表衛生、健康。

## 職場一片天・銷售方式不同，包裝也不同

四川盛產榨菜，經商者將榨菜裝在大罎子和大簍子裡運往上海，賣給上海人。上海人精明，將榨菜分裝到小罎子中，又賣給日本人。在日本銷量不好，日本人只好原封不動賣到香港。香港人擅長生意經，將這些榨菜切成片、絲、塊，採用真空小袋包裝，銷往日本、上海各地，結果大受歡迎，銷量猛增。

不同的包裝，產生截然不同的效果。現代行銷，可以說沒有包裝就不會有顧客。著名的杜邦定律指出：63％的消費者僅憑藉商品的包裝就會做出購買決策。所以從店鋪裝修、個人形象、商品的外包裝，無不各盡其能、各顯神通。失業者初涉商場，更應該學會包裝技巧，才讓自己的買賣越做越好。

**1. 根據商品的用途去設計包裝**

法國香水業有句名言：「設計精美的香水瓶是香水的最佳推銷員」。法國香水馳名世界，共有五種不同香型，每種香型都有獨特的造型。比如男士香水，被設計成挺拔如樹的造型，還配以木板本色的紙盒，讓人感覺穩重、成熟。

**2. 銷售方式不同，包裝也不同**

比如連鎖店、便利店，顧客可以從貨架上自由挑選商品，商品的包裝應該突出特色，而且附帶詳細說明，讓顧客容易看到，還能明白它們的用途。比如現做現賣的小吃，包裝要實用方便，便於顧客攜帶。

**3. 包裝與價值匹配，以免產品出現「金玉其外、敗絮其中」的笑話**

相宜的包裝最得體，最能體現商品的附加價值，以及公司的形象、經營者的品格。過於豪華的包裝讓顧客望而生畏，而且容易產生上當受騙的印象。

調查顯示，滿意的顧客會對三個人宣傳商品，說商品的好話，可是上當的顧客卻會對十一個人說商品的壞話。

### 4. 根據顧客的心理需求做包裝

CNS公司生產了一款防止打鼾的噴喉產品，如何將它成功介紹給消費者呢？他們在產品的包裝上下工夫，讓消費者一眼就能辨認出這款產品，並產生「寧靜的夜，甜美的夢」之遐想。強烈的視覺衝擊果然效果明顯，吸引了諸多消費者的興趣。

顧客對包裝有著天然的不同偏好，會形成一種慣性購買心理。比如女性喜歡柔和、精巧、時尚，男性喜歡大方、耐用、實用，老年人喜歡樸實、安全、方便。

### 5. 色彩影響人的購買心理

不同的顏色會給人不同的心理活動，紅色、黑色、橙色讓人感覺「重」，綠色、藍色，會讓人覺得「輕」，所以在行銷時，為了顧客需求，不妨採取紅、黑等包裝；為了突出商品的輕巧性，可採用綠、藍包裝。

色彩在生意中的作用隨處可見。比如你經營一家咖啡館，用什麼顏色的杯子為顧客裝咖啡呢？在此告訴你一個祕密：有綠、紅、黃三種顏色的杯子待選，你一定要選擇紅色的。因為綠杯子的咖啡，喝了會感覺味酸；黃杯子的咖啡，喝了會覺得味淡，只有紅杯子的咖啡，喝了之後才感覺味美。

如果經營化妝品店，應該掌握一些色彩學問。大多數化妝品適合中間色，包括米黃、乳白、粉紅等，因為這些顏色代表高雅富麗、品質優等。

如果經營食品，就要多親近紅、黃、橙色包裝，這些顏色代表成熟、味美，加工精細等。

如果經營酒水，適合選擇淺色包裝，表示味道純正、濃厚，製作精良考究等。

如果經營藥物、保健品，就要傾向以白色為主的包裝，代表衛生、健康、可靠等。

# 商品藏在不引人注目的需求中

「到底什麼會熱賣？為什麼我不能搶先發現熱賣品？」很多初入商場的失業者，都希望能夠抓住一兩件熱賣品，讓自己快速致富。那麼，熱賣品在哪裡？

## 失業莫失意・創意竹窗簾的啟示

小蔡的家鄉盛產竹子，當地人利用這些竹子，製造出各種各樣的竹製品，成為熱賣品之一。小蔡一心想創業致富，在公司效益較差時，主動辭職下海，一頭栽進竹子生意中。

經過一番考察，小蔡發現有人以竹子為材料製造的摺扇骨架，比較熱賣。他也投資建構了一間小工廠，召集人手製造扇骨。手藝並不複雜，產品很快出爐，並且堆積到了倉庫中。這時小蔡突然意識到，自己的競爭對手太多了，原來很多人像他一樣，看到扇骨掙錢，辦起了這類小工廠。

工廠遍地都是，扇骨的利潤猝然間下滑，甚至跌到谷底，根本賺不到幾個錢。小蔡非常懊惱：「哎，這可怎麼辦？好不容易辦起的工廠，難道就這樣眼睜睜賠錢倒閉嗎？」一時間，他不知道該如何是好。

過了幾天，小蔡到市場上考察，轉來轉去，來到家居市場，看到好多女士都在選購窗簾。窗簾各式各樣，材質各不相同，有布製品、木製品、塑膠製品的……。

「如果用竹子做成窗簾，會不會可行？」

小蔡了解竹子的材質柔韌有彈性，完全可以做成窗簾。於是立即趕回工廠，召集技術人員加班加點，很快一批竹窗簾誕生。竹窗簾美觀新穎，問世後立刻吸引了大批消費者。

小蔡的工廠沒有倒閉，反而轉行加工竹窗簾，從中贏取利潤。一開始，生產素色竹窗簾，隨著消費者需求變化，他們開始研發染色技術，製造各種彩色竹窗簾。後來，由於竹窗簾產品越來越多，他們又進行創新，製作了印花窗簾，滿足了消費者需求。

美國營銷大師特德 • 萊維特說：沒有商品這樣的東西。顧客真正購買的不是商品，而是解決問題的辦法。

## 當家做自己 • 順藤摸瓜的經營妙策

1. 哪裡有需求，那裡就有熱賣品。從消費者需求出發，順藤摸瓜，一定可以發現消費者需求的東西。

2. 消費需求來自求實、求異、從眾、攀比四種心理，從顧客的心理需求開始，設計、研發並推銷產品，都是很有效很直接的經營妙策。如女性對化妝品需求，既是愛美的表現，也有炫耀、占有、與人交往等心理需求。

## 職場一片天‧善於聽取顧客的意見

鮮花生意競爭激烈，很多老闆都抱怨太難做了。可是芬芳鮮花店老闆卻從滿足顧客需求出發，找到了生意的利潤點。

一天，有位老顧客買花時說：「花好看不好養。在店裡還新鮮，帶回家不出幾天就枯萎了。」老闆聽了心想：「好多人沒有養花的常識，一些名貴花木買回去白白浪費了。次數多了，喪失對養花的信心，也就不來店裡買花了。如果能解決顧客的後顧之憂，一定可以提高他們養花的積極性。」於是老闆推出了「免費花木護理服務」專案，為前來買花的顧客免費養花。這一下，競爭力立刻增強了，前來店裡買花的顧客多了起來。

由此可見，要想產品熱賣，一定要善於揣摩顧客心理，明白他們心裡想的是什麼。消費心理是一門學問，比如有些人大字不識幾個，卻偏偏想著購買一套《百科全書》；有些人口袋裡沒幾個錢，卻喜歡買名牌。這些看似矛盾，不合常理的消費背後，體現出購買的動機。動機一般有感情動機、理性動機和惠顧動機。感情動機影響下的消費者，往往注重產品的外形、包裝、時尚，不大在乎產品實用價值和價格；理性動機支配下，消費者會關注產品品質、實用性，也會對產品進行比較，選擇那些物美價廉的；惠顧動機指的是多次購買一家公司的產品，或者長期使用某個品牌的系列產品等。

每個人不同，消費心理自然也不同。隨著社會快速改變，消費需求也不斷變化，呈現多樣化。如何看透並捕捉消費者的真實需求呢？

### 1. 善於聽取顧客的意見

哪個商家都會遇到「跳槽」的顧客，如果合理地分析這些原因，就會看清楚購買背後的動機。一般來說，這種辦法比較快速及時地讓人了解到商品的走向。比如經營便利店，本來銷售很好的電池忽然乏人問津，詢問顧客後發現，這款電池壽命太短了。那麼你就要考慮壽命長的電池，把這個意見回饋到電池廠，製造商會生產壽命長的電池，以滿足消費需求。

### 2. 以發展的眼光和心態去了解消費需求

里茲•卡爾頓旅館老闆舒爾茲說，顧客的需求和期望會不斷變化。所以經營者為了趕上需求的步伐，必須要以發展的眼光和心態去看待問題，了解市場，把握商品和服務的動向。

### 3. 利用顧客心理需求促銷

許多老闆懂得調動顧客心理需求。有一位銷售員在推銷化妝品時，過來一位年輕男子要她展示產品。銷售員邊展示邊講解產品優點，展示完畢，對男子說：「這款產品就剩最後幾款了，估計今天就能銷售一空。」男子聽了，立刻掏錢買下產品，並說：「我女朋友經常為臉上的雀斑發愁，你這款產品效果不錯，如果她用了，會更漂亮的。」男子的占有心理，促使他最終決定購買。

## 你的專業知識準備好了嗎？

讓顧客心甘情願掏錢，經營者還要做到：了解自己的產品，熟知專業知識。俗話說，隔行如隔山，從一名失業者跨入商場，有些人一問三不知，搞不清產品的品質；還有些人相信專家學者，或者書本理論，認為只要記住他們的話，或者把這些理論熟背，就是掌握經商的訣竅。

商場不是課堂，不需要死記硬背，而要求靈活機動地掌握商品知識，將這些知識融入商品中，獲得消費者好感和認可。

### 失業莫失意・礦泉水滯銷的啟示

有一位先生很想發財，幾經考察，發現礦泉水賣得火熱，就到處去找水源，打算以礦泉水起家。

皇天不負苦心人，他從城市到農村，從山區到森林，費盡心思終於找到一處好水源。經過取樣化驗，這裡的水質極佳，不但富含微量元素，有益於人體健康，而且由於此地處未被開發地帶，遠離污染，水質純淨無比。

專家信心百倍：「用這樣的水做出礦泉水，絕對品質一流。」

他高興極了，立刻貸款融資、修路架橋、投資購買機器，礦泉水廠轟轟烈烈地開張生產。很快，第一批礦泉水從生產線進入市場，走進消費者家中。當他滿心希望地等著消費者搶購商品時，打擊不期而至。

有人舉報說：「這種礦泉水品質有問題，細菌含量超標。」

「怎麼可能？絕對不會！」他大叫，「專家們都認可了，這裡的水絕對品質優良。」

可是消費者不會聽他的辯解，而是相信化驗機器。機器再三顯示：細菌超標。無奈之下，他只好請人檢驗自己的生產環節，並且將水源再次送去化驗。令人意想不到的是，果然是水源出現了問題，化驗顯示水已經被嚴重污染了！

可怕的消息傳來，他目瞪口呆，不明白絕對純淨的水為何突然間被污染了。專家們仔細分析原因，告訴他說：「水不能再用了。如果你還想繼續加工礦泉水，必須耐心等待五年以上，經過五年保養，水質也許會恢復。」

他忍不住問：「這到底為什麼？」

專家指著寬敞的道路和一排排廠房說：「你在投資建設過程中，已經污染了這些純淨的水。」

香港富商霍英東說：以做生意來說，有時候三思而行不無好處。

## 當家做自己 • 了解產品，要像了解自己的孩子

1. 了解產品，要像了解自己的孩子，投入全方位的關注和愛護，不能只聽一面之詞，或者僅憑感情判斷是非。故事中的那位先生盲目聽信專家的話，不去深入掌握礦泉水的相關知識，結果一敗塗地。

2. 掌握關於產品的知識，應該多學習、多領悟、多實踐，不求成為專家，但一定要搞清楚品質的判斷標準和細節問題。

## 職場一片天 • 對商品知識了解的重要性

兩家相鄰的服裝店，一家賺錢一家賠錢，原因在哪裡？因為兩家老闆的眼光不同，賺錢的老闆懂得時裝的潮流，知道服裝應該賣給什麼人，每次採購都能銷售一空，受到消費者歡迎。賠錢的老闆就不同了，進的貨總是背離市場行情，很難賣出去。這裡體現出對商品知識

了解的重要性。流行資訊、消費者品味、供貨管道，都是服裝店老闆要掌握的專業知識。

學習有關商品的專業知識，最有用的方法是從前輩那裡獲得。哪些人是自己的前輩呢？供應商、客戶、競爭對手、有經驗的老闆，他們都具備一定的專業知識，比如供應商很了解商品的生產流程、商品在其他地區的銷售情況、促銷效果和場面，競爭對手比較清楚商品的優缺點，客戶能夠看到商品在顧客心中的位置等，所以從他們身上學習，會獲得第一手專業知識，實用而且可靠，比起專家理論、商品說明，都容易打動人。

參觀工廠、展示會、加盟店，是了解商品內部構造、性能、特色的好機會。比如可以親眼看到商品的材質、製作流程。了解情況，加強對商品的理解。有一家乳品公司定期邀請消費者前去乳牛場參觀，目的就是讓他們看見商品的可靠來源，喝著放心，買得滿意。

顧客也會告訴你一些專業知識。不要以為顧客只會聽你說，顧客為了購買商品，會了解多種相關產品，貨比三家，在這個過程中他們學習到很多專業知識。而且顧客是商品的消費者，他們在使用過程中，能切身體會到商品的優缺點，銷售者不妨時常與他們進行交流，比如：「你上次買的褲子褪色嗎？起縐了嗎？」顧客一定會告訴你相關的情況，還有自己的一些保養心得。那麼你從中就會獲得建設性意見，累積知識。

## 打造熱門產品

讓顧客持續地喜歡自己的產品，是每位老闆的夢想，如果擁有一款這樣的產品，再笨的經營都能賺到錢。這樣的產品存在嗎？如何讓顧客持久地喜歡它呢？

### 失業莫失意．美味手撕麵創業的啟示

由於公司效益欠佳，薪水遲遲不發，閔明只好辭職回家開起小吃店。小吃店在路邊，投資不多，經營麵條、餛飩、蒸包等多種主食，每天過往行人很多，收入還算可以。

有一天，閔明的表叔從外地前來探親，與他閒聊之際，說到了妻子做的手撕麵。說者無心聽者有意，閔明覺得這是一個好點子，於是仔細打聽手撕麵的作法。可是表叔只吃過但沒做過手撕麵，當然也就說不清楚具體作法了。

過了幾天，表叔告辭回家，沒想到閔明帶著行李與他一起上了車，他要去表叔家學習手撕麵！在表叔家中，閔明辛苦學習了一個月，掌握了手撕麵的作法和技巧。可是還不放心，害怕回去後做得不夠地道，又把表嬸請到小吃店，在她的「監督」下，繼續實踐和麵、發麵、

撕麵，以及調製湯料等手藝。又過了一個月，閔明用掉了二百公斤麵粉後，終於將手撕麵做得爐火純青了，所有嘗過麵的人都說好吃，夠筋道。

閔明摘掉舊招牌，掛上「美味手撕麵」新招牌，轟轟烈烈地開始了新的創業征程。

一開始，人們為了嘗鮮，來到閔明的店裡後，會主動要求上一碗手撕麵。這一嘗，嘗出滋味來，顧客被吸引住，不但連聲誇讚好吃，還經常前來消費。

一傳十，十傳百，手撕麵在當地有了名聲，這條街上其他的小吃店都冷清起來。顧客們都願意吃手撕麵，更喜歡老闆做的各種美味鮮湯。生意好極了，問題也跟著來了，有人說：「你忙不過來，乾脆請人為你撕麵吧，你就坐著當老闆。」還有人說：「現在你的麵有了名氣，就是簡單撕一撕，顧客也覺得好吃。」

閔明雖然請了兩位師傅，也教給他們一些撕麵技巧，不過卻說：「我不能自己砸了招牌，應該為顧客負責。」依然認真地親手撕麵，推出了手撕麵系列：番茄手撕麵、肉絲手撕麵等。由於口味各異，顧客說：「就是天天來這裡吃麵，連續十天也不會吃到同樣的」。

全世界最偉大的推銷員喬．吉拉德說：推銷的要點不是推銷商品，而是推銷自己。

## 當家做自己‧讓產品富有人情味

1. 保證商品的品質，不能偷工減料，應該始終如一，加強生產管理。
2. 多動腦，創新產品。
3. 讓產品富有人情味，並以此打動顧客。

## 職場一片天‧不要隨意改變產品的價格

不要說小企業小公司，就算是大公司大品牌，要想永保青春，也是很難的事。因為品牌本身就有自己的生命週期，老化、升級，都是在所難免。那麼如何讓產品更長久地吸引顧客呢？

### 1. 保證產品的品質，不要偷工減料，建立一套嚴格的品質管理制度

凱莎琳是一位普通的家庭主婦，她看到「全麥麵包」這項專利後，便積極購買並開張經營。對於她來說，沒有任何經營經驗，也不懂得經濟理論，但凱薩琳選擇了優質產品和服務。她對品質嚴格把關，公開聲明自己的麵包是「最新鮮的食品」，為了做到這一點，她在每個麵包的包裝上都寫明日期，超過三天的麵包堅決回收。她也以這個標準要求經銷商，不讓他

們出售任何一個超過三天的麵包。

加強品質管制，從自身做起，從各個環節嚴格把持品質關口。做到這一點，需要從內心深處把顧客的利益放在第一位，真正認識到失去顧客，就會失去生意。因此應該誠信經營。

古人說「誠招天下客」，現代人說「企業良心」，一個想成功的創業者應該把精力放在技術開發、提高產品品質、完善售後服務、加強與消費者溝通等問題，而不要想著如何偷工減料、將過期的產品當做新鮮品出售等，以賺錢更多利潤。

## 2. 不要隨意改變產品的價格

同樣是凱薩琳，在經營中透過精確地計算成本，算出利潤空間，制訂了麵包的標準價格，絕不賣貴，也不賤賣任何產品；為了控制經銷商隨便漲價，還在包裝紙上標明產品的成本，以防顧客多花一分錢。

透過這兩項優質管理，凱薩琳的麵包店生意興隆，她對每位員工說：「如果顧客從我的麵包裡發現一粒沙子，我就會損失幾斤金子。」在這種經營策略下，凱薩琳的麵包店最後擴展成現代化工廠。遠近的麵包經銷商都來訂購她的產品，銷售遍及美國各地。

## 3. 長久吸引顧客，還要考慮其他因素，比如產品更新

不要以為只有大公司才會創新，小公司照樣可以實現這一夢想。蔡吉諾覺得在雜亂的自

行車房裡通行太不方便，渴望有種快速通行的工具，就在具有七十年歷史的玩具上加了鋁框和五彩輪子，結果RAZOR牌滑板車誕生了。他帶著滑板車到美國參展，一下子就訂購出去四千份產品。沒有多久，產品供不應求，不到二年時間，銷量達一百萬份。

另外，在經營中，為了產品熱賣，還可以注入感情，賦予產品人情味。精明的商人懂得把濃濃的人情味與商品捆綁到一起，從中輕鬆收穫自己想要的東西。

有超市將尿布和啤酒擺在一起出售。因為美國家庭婦女喜歡讓老公下班後為孩子買尿布。可老公們更喜歡下班後喝一杯啤酒，所以他們不得不在嬰兒專櫃和食品櫃之間奔波。為了解決這一不便，超市將尿布和啤酒擺放在一起。這種把人情味擺上貨架的作法，贏得男士們的青睞，產品的銷量也就持續大增。

## 打響產品名號從提高服務開始

為了提高生意知名度，很多人都在費盡心思地想辦法、做宣傳，希望更多人光顧自己的生意。宣傳產品，提高知名度，辦法非常多，可是做為一名剛剛創業的人，或者說各種條件都不夠完備的人，最好的辦法還是從服務做起。只要服務到家，再挑剔的人也會認可你的商品和生意。

### 失業莫失意・送信小夥子的啟示

有個美國小夥子，很想獨自做點事，他看到了一個機會：當時人們習慣透過郵局寄送信件，由於很多信件地址不詳、或者其他原因，根本找不到收件人。因此郵局中總會堆積著一些信件。這些信件堆積久了，最後只得銷毀。

小夥子不願意看到信件繼續被銷毀，主動找上郵局說：「我想幫助你們處理這些信件，我不會銷毀它們，也不會當廢品賣掉。」

「那你準備怎麼辦？」

「我準備繼續送這些信，尋找收信人。」小夥子誠懇地回答。

「這……可行嗎？」郵局工作人員說，「我們沒有這樣的先例，無法支付你薪水，再說……」

「我不要錢，」小夥子回答：「你們儘管放心，我不會隨意處理這些信件。我會和你們簽訂合同，不但不要一分錢，還要給你們保證金。」

這是天上掉下餡餅的好事，等於雇用到了免費投遞員。再說，如果真的能夠找到收信人，也是做了好事。郵局工作人員同意小夥子的提議。

從此，小夥子便開始奔波在大街小巷，努力尋找收信人。一天、兩天、三天，轉眼間一週過去了，一個月過去了，……小夥子一無所獲，連一位收信人都沒找到。

這天，當他又一次在大街上打聽收信人時，有一位老者忽然喊住了他：「喂，年輕人，我想麻煩你一件事，請你幫我把這封信送出去好嗎？」

小夥子奇怪地問：「您為什麼不去郵局？」

「這封信非常重要，我擔心郵局出錯。我聽說了你的事，知道你做事認真，所以我寧肯相信你，也不會拜託給郵局。」原來，小夥子經常出入附近地區，老人親眼目睹他為了尋找收信人所做的一切，被他的服務精神打動了。

小夥子答應了老人的請求，準時快捷地送達了信件。從這件事中，小夥子忽然發現了新的商機：快遞業務。於是他開辦了快遞公司，並且將業務擴大到了全美國，分公司達到一百多家。他就是著名的快遞大王喬治・肯鮑尼。

全球第三十八大科技公司負責人戴爾說：不要過度承諾，但要超值交付。

## 當家做自己・服務是第一說服力

1. 服務是第一說服力，可以讓顧客真切地了解你和你的生意。喬治先生依靠真誠打動了老人，也為自己贏來了一次商機。

2. 服務是身段軟，EQ高的人更懂得如何提高服務品質。比如善於傾聽顧客的心聲、為顧客選擇適當的贈品、選擇合適的後續服務方法等。

## 職場一片天・做個善於傾聽的人

現代社會，服務已經成為經營生意的最大競爭力，誰的服務好，誰的生意就可能更賺錢，誰的商品就更受歡迎。

大多數人知道服務的重要性，可是如何實地操作呢？做為一名老闆，需要知道該如何提高自己的服務水準，以吸引顧客、滿足顧客，讓他們選購你的產品。

首先，大多數生意取決於第一印象。老闆既是生意的經營者，又是為顧客具體服務的人，要想讓顧客產生好印象，必須學會微笑服務，並做出適當的自我介紹。當客人走進店鋪時，能夠及時地將店內最主要的特色呈現給對方，以免產生誤會。比如在美容店內，有些顧客容易抱怨、脾氣暴躁，這時你要主動、及時地介紹美容師，消解他們的疑惑，免得他們以為是學徒在做服務。

其次，老闆應該是一位善於傾聽的人，並懂得如何詢問顧客，獲取他們真正的心理需求。耐心聆聽顧客訴說，可以獲得很多有用的資訊，比如他們討厭商品的哪些地方，希望得到哪些服務等。另外，顧客向你傾訴，還消解了內心的不快，會得到情緒上的愉悅，拉近彼此的關係。

如何詢問顧客，是有講究的。比如你問顧客用過什麼樣的保健品，他會向你說出某某品牌、款式等。而你如果只問：「你有沒有吃過鈣片？」答案很可能只會是「吃過」或「沒有」。前一種發問方式你會得到資訊，而後一種卻十分封閉無用，無法引起更深入的交流。

很多商家會選擇無償贈送某些禮品，以獲取顧客好感，加深印象。贈送時，應該選擇針對性強、有特色的禮品。比如年輕人喜歡時尚的掛飾、明星海報等，小孩子喜歡好玩的玩具、動漫書，家庭主婦喜歡實用的廚房用品、食物等。有些人贈送時會遇到困惑：「為什麼送出去禮品，效果還是不明顯？」這時你要反思一下贈送的方式。

當然，服務最關鍵還在於銷售階段，比如熟知商品用途、現場為顧客展示、提供送貨上門、免費維修等。只要主動、熱情、有耐心，做好這些並不難。除此之外，售後服務也是很重要的，定期拜訪、節慶假日問候，都是常識。這裡告訴你一個小技巧：如果你太忙碌、疲倦，力不從心時，打電話、發郵件問候，比親自拜訪效果更好。

## 為少數消費者製造夢想

吸引消費者，維持商品熱度，還有一個辦法，這就是為少數人製造夢想。日本作家村上春樹年輕時開過酒吧，為了增加回頭率，他想了很多辦法，可是不管他如何做，有些顧客就是拒絕再次光顧。為什麼會這樣呢？經過長時間觀察，他總結出一個現象：十名顧客中，如果願意再次光顧自己酒吧的人，能夠達到一至二人，那麼他的生意就會比較順利。為此他得出這樣的經驗：做生意，要學會創造狂熱的少數。

## 失業莫失意 • 日本料理店溫清酒的啟示

秋雲曾是幼稚園老師，這家幼稚園隸屬一家大公司。後來公司經營不善，幼稚園也跟著解散了。秋雲失業在家，只好四處尋找工作。剛好有家日本料理店招聘，薪水雖然不高，但總比什麼都不做強，就這樣，秋雲成為料理店的服務員。

在這裡，秋雲學會簡單的日語，藉著吃苦能幹的工作精神，還被提拔為前廳經理。秋雲非常高興，以為可以好好工作下去，誰想老闆竟轉行做勞務輸出業務，不開料理店了。秋雲又一次失業。

她只好再次找工作，憑藉工作經驗，她很快來到其他料理店，擔任店長職務。現在的她已具備管理經驗，並很快發現了料理店的管理弊端，奈何這是家族企業，根本不能採納建議。於是她辭去工作，先後在幾家料理店工作。不過這些店大同小異，管理都存在很多毛病。

發現這些料理店的缺點，卻無法實施改革，秋雲不禁想：「既然如此，我為什麼不自己開一家呢？我一定能為顧客提供最好的服務和管理。」

秋雲從銀行貸款八十萬元，加上自己的積蓄，料理店順利地開業了。為了迅速推廣業務，她聯繫了學校、醫院，為他們送去日本便當。有一次，店裡送貨的車都走了，為了給一位日本教授及時送去熱飯，她不惜親自前往，來回花費遠遠超過了便當的價錢。

這件事讓日本教授很感動，同時也跟她成為朋友，不斷在親朋好友間宣傳她的優質服務。透過日本教授的介紹，到她的店裡吃飯的日本客人越來越多。有一次，一位日本老人來到店裡，一臉不屑的表情，看樣子他對秋雲的料理店並不滿意。

秋雲親自接待這位日本老人。日本老人看了看她，開口發難：「如果妳能回答我的問題，那麼我就在這裡用餐。」

不少人都認為這位老人故意刁難秋雲，紛紛暗示秋雲不要理他。可是秋雲沒有這麼做，她微笑著說：「老先生，您請講，我一定盡力而為。」

日本老人說：「請問清酒多少度為最適宜的溫度？」清酒是日本的主要酒品，在日本，都是以清酒的品質來衡量料理店是否正宗。老人的問話犀利，秋雲立刻回答：「人體的溫度最適宜攝氏三十七度。」

老人笑了，高興地說：「我去過好幾家日本料理店，他們都回答不出準確的答案，妳還是第一人！」說完，他當即入座，請秋雲為他準備料理。吃完後，老人親切地說：「這才是我家鄉料理的味道。」

老人的評語，是對秋雲的最高評價。此後，老人經常光顧料理店，還不斷帶來新客人。

現代行銷學之父菲力浦•科特勒說：行銷並不是要一味地推銷自己已經擁有的東西，而是要為客戶創造真正的價值。

## 當家做自己•利潤大多數來自老客戶

1. 利潤大多數來自忠誠顧客，也就是老客戶。
2. 從細節入手，注重感情投入，多聽從顧客的意見、與他們交流，從中發現哪些人有可能上升為老客戶。

3. 把老客戶做為重點，加強與他們的關係，並讓他們去推薦自己的生意，帶來更多利潤。

## 職場一片天・真正的銷售始於售後

美國著名計程車公司總裁泰勒每個月都會推出顧客調查活動，活動內容只有兩個問題：

1. 租車體驗如何？
2. 還願不願意再次乘坐本公司計程車？

根據這兩個問題的答案，公司會將千家營業網進行排名，對租車體驗打最高分的顧客越多，該網點的排名就越靠前。

計程車公司的作法，真正體現出了少數顧客至上的理念。只有滿意的顧客，願意再次乘坐計程車的顧客，才是忠誠的顧客，他們不但會再次給公司帶來利潤，還可能向他人推薦。

老顧客為公司帶來的利潤是巨大的。為了培育老顧客，不妨多與他們聯繫，比如設立會員制，只有他們才享受購物預告、打折資訊、內部消息、優惠活動、獎勵、贈品等。與顧客之間建立起感情，慢慢地，他們就會視你為品牌，起碼是他們心中的品牌。

建立顧客檔案，更深入全面地了解每一位顧客。記錄他們的喜好、學歷、成就、職業等，與他交往時，可以輕鬆地切入他感興趣的話題，讓他喜歡你，進一步相信你。

「真正的銷售始於售後」，特別是對於老顧客，更應該持續不斷地關心他們，給予適當的關懷，比如生日禮物、賀卡、拜訪等。

與老顧客維持好關係，讓他們成為宣傳利器。二五〇定律表明：每人身後都有二五〇名潛在客戶。你可以交給老顧客名片，讓他們幫助散發，告訴他：「這是有回報的」；銷售大師吉拉德深諳此道，他給每位帶來新客戶的人二十五美元報酬。透過這一方法的銷售量占據總銷量的三分之一。他說：「寧可錯付五十人，也不要漏掉一人。」不管這些新客戶是不是與自己成交，他都照付二十五美元。

新客戶是否與自己成交，在於行銷策略是否得當。正確的思路是不管顧客購買與否，購買多少與否，首先都要與他們建立服務關係。美孚石油公司進軍中國市場時，為了做三峽工程這個大市場，先讓三峽工作人員免費試用潤滑油。試用結果表明效果非常好，因此政府決定由美孚公司獨家提供潤滑油。這時很多人認為美孚公司肯定會借機漲價，大發橫財。然而美孚並沒有這麼做，他們不漲反降，每噸降價三千六百美元。因為他們不只看到三峽工程，更看到了中國這個廣闊的市場。看到了中國這個廣闊的市場。

## 利用顧客的好奇心換取利潤

消費心理影響銷量，幾乎左右商品的銷售情況。把握好消費者的心理，讓他們樂意掏錢，這是最高明的銷售。不過，消費心理千變萬化，有時候儘管用盡招數，卻無法取悅他們。這裡有一種技巧很值得一提：激發好奇心。誰都有好奇心，希望對未知的事物一探究竟，如果能夠提供這樣的機會，自然會吸引消費者進門。

### 失業莫失意・嘗試前所未有的事的啟示

有這樣一家美國公司，他們從二〇〇五年二月二十七日開始，推出了「星際電話」的服務業務。該業務的服務熱線為1—900—226—0300，不管是誰，只要支付3.99美元/分鐘，就可以撥打這個電話號碼，向外星人發出訊號，以求取得聯繫。

還別說，這個業務受到了很多人的歡迎，先後撥打電話發送聲音資訊的多達數千人，平均每通電話時長三分鐘以上。他們撥通了號碼，向外太空呼叫，希望與外星人溝通。

當然這些聲音不是透過普通電話線傳送的，公司制訂了一個直徑3.5米寬的拋物線碟形天線，利用這個天線可以把聲音傳送到外太空。

不過到目前為止，還沒有一個「星際電話」聯繫到外星人。實際上，根據科研人員研究發現，星際電話的聲音訊號傳送範圍只能達到兩光年的距離，超過兩光年之外，就不可能接受到聲音資訊。可是距離地球最近的太陽系外恒星，均在四光年之外的區域。就是說，撥打「星際電話」，只是一個美好的願望，永遠不可能得到回音，但是為什麼依然有那麼多人願意付錢一試？是因為好奇心所致，他們想嘗試前所未有的事。這與美國人鄧尼斯・霍普出售月球土地異曲同工。

霍普以每英畝 19.99 美元的價格廉價出售月球上的土地，並且製作了精良的證書，證明土地交易。不要以為霍普的銷售乏人問津，相反地，好幾百萬人與他聯繫，並有不少人付錢購地，其中有美國前總統雷根、卡特，還有著名影星哈里森・福特、約翰・特拉沃爾塔、湯姆・克魯斯，以及世界各地一些富有的王室成員。

美國教育部長瑪格麗特・斯佩林斯說：在購買時，你可以用任何語言；但在銷售時，你必須使用購買者的語言。

## 當家做自己・無中生有的好奇心

1. 好奇心可以無中生有，創造生意機會。「星際電話」、「賣月球」都是這樣的經典案例。
2. 激發顧客好奇心，常見的方法有：製造懸念、提出刺激性問題、只提供一部分資訊而非全部、有意圖地顯露出冰山一角、利用新奇、不曾有過的東西。

## 職場一片天・猶抱琵琶半遮面的探究心理

人們選擇產品，往往是滿足自我心理的過程，其中好奇心是促使產品更新，提高銷量的重要心理因素。好奇心可以讓顧客注意到商品。美國一家餐廳在門外擺了一個特大的啤酒桶，上門寫著「不許偷看」幾個大字。結果顧客好奇，忍不住探頭去看裡面到底有什麼。一看才知，裡面放著另一塊牌子：「本店啤酒六折促銷，歡迎品嘗」。利用顧客的好奇心，成功地吸引了顧客，從而進店品嘗啤酒的客人大大增加。

如何激發顧客好奇心，每位生意人都應該去探索一些有益的技巧。

1. **製造懸念**

有棟房子銷售不出去，建設公司連續在報紙、電視打出一個只有五個字的廣告：尋找聖花園。聖花園是什麼？人們非常奇怪，不免想探個究竟，結果發現聖花園正是樓房的名號。一下子，這棟樓房的知名度提高，銷量也見好。

## 2. 提出刺激性問題

比如「猜猜看」就是很好的例子。猜一猜，會激發消費者探究的欲望，誰都想知道問題的答案，他們的腦海裡會出現好多答案，並試圖證明自己正確與否。

## 3. 猶抱琵琶半遮面的探究心理

新商品上市前，只提供部分資訊，可以勾起消費者探究的欲望，也是利用好奇心的辦法。如果顧客對一件商品了解透了，就會產生熟視無睹的效果，不去關心這件商品。相反，「猶抱琵琶半遮面」，會讓人更渴望了解全面的資訊。

## 4. 製造有效交流

提供有價值的東西，讓消費者開口詢問，也是很好的辦法。比如針對顧客需求，告訴對方這台電冰箱會給他帶來什麼幫助，可以節省多少千瓦電費。值得注意的是，不能一下子全部介紹完冰箱的優點，只說一部分，比如說：「這台冰箱能幫你節能10%。」這時顧客會問：「你能詳細為我解說嗎？」誰都想獲得幫助，節省開支。這樣一來，你們的有效交流就開始了。

## 5. 直接激發顧客好奇心

新奇的、不曾有過、或者顧客沒有見過的東西，可以直接激發顧客好奇心。比如大家都用普通鉛筆時，你發明帶香味的鉛筆，自然會引起好奇。可是發明創造不是常有的事，如何讓常見的商品具有新奇性呢？可以製造神祕感、挖掘商品新用途等。茅台酒第一次參加國際性會展時，無人注意到這種包裝土氣的酒。這時有人故意打翻酒瓶，芳香的酒味立即吸引大量參展人員，結果茅台酒一舉走紅。

Chapter6

# 炒馬鈴薯絲啟示錄

# 誰都做過，誰做得最好？

炒馬鈴薯絲，是一道再普通不過的菜餚，幾乎人人會做。這就像從失業中轉行創業做生意，誰都會想到要占有市場，可是怎樣做才能做得更好？

# 誠信是市場立足之本

創業打天下，有了自己的公司、產品和員工，接著就需要去開拓市場。市場在哪裡？如何立足市場？最簡單、最有效的方法，就是緊緊抓住「誠信」二字。只要誠信，就可以在市場中立穩腳跟。

## 失業莫失意．一英磅買下豪宅的啟示

有一位性情孤獨的英國人，年紀大了，體弱多病，身邊無人照料，決定離開住處，到安養院頤養天年。臨行前，他貼出告示出售住宅。這是一套美觀別致，充滿情趣的房宅，非常吸引人們的眼光。聽到將這棟房子要被出售的消息，好多人從四面八方湧來看屋。

房宅出售的底價是十萬英鎊，有人出了更高價位，房價持續攀升，達到了十五萬英鎊。

就在大家忙著激烈競爭時，忽然有一位穿著樸素、其貌不揚的年輕人從人群中擠出，逕自走到老人面前，恭敬地說道：「老先生，我非常喜歡這套住宅，不過我只有一英鎊。」

話才說完，人群中發出一陣唏噓和嘲諷：「瞧，這人是不是有毛病？」「天哪，一英鎊也敢說出口！」「難道我的耳朵出問題了？」

年輕人似乎沒有聽到眾人的冷言熱語，他一點也不沮喪，繼續誠懇地對老人說：「我只有一英鎊，可您要是把房子賣給我。我不會讓您搬出去，不會讓您孤獨地一個人住進安養院，我會陪您一起喝茶、聊天、讀報，陪您散步、運動，讓您每天都能快快樂樂的。請您相信我，我會用心地關愛您、照顧您，讓您不再孤單，不再無助。」

老人會心地笑了起來，他站起身，向議論紛紛的人們揮揮手：「先生、女士，請你們安靜。現在我宣佈，這棟房子有新主人了。」在大家期盼的目光下，老人拍著年輕人的肩頭說：「他就是房子的新主人！」

原本一片沉默的群眾，忽然不由自主地拍手歡呼。

> 美國證券、期貨業最著名的投資家威廉•江恩說：順應趨勢，花全部的時間研究市場的正確趨勢，如果保持一致，利潤就會滾滾而來！

## 當家做自己•商品有價，誠信無價

1. 商品有價，誠信無價，年輕人僅用一英鎊購得豪宅，是因為他從心底深處為老人著想，而不是只顧到個人私利。如果商家能夠真心誠意地為客戶著想，誠信經商，一定會得到市場認可。

2. 為了避免失信，應該做好規劃，建立有效的監督機制，不要盲目地投資、發展，企圖一口吃成胖子。

3. 明碼標價、童叟無欺、保證品質、按時交貨，都是誠信的舉措。

## 職場一片天・人們喜歡用「無奸不商」形容生意人

高雄有一位失業女工，靠販賣蔬菜、魚蝦等小生意餬口。有一次，某餐飲公司訂購了她的魚，可是等到她進貨時物價上漲，按照這個價錢進貨，她不但掙不到錢，還要賠進去很多。是毀約還是賠錢進貨？內心經過一番掙扎，她選擇了後者，按時按量為這家公司送去魚。雖然賠了錢，但是公司主管知道後，非常感謝她的誠信之舉，從此與她建立長期合作關係。隨著公司擴大，從她那裡購買的貨物越來越多，她賺到了更多錢。靠著誠信，她的生意做大了，還經營了一家餐廳，現在正準備籌建更高級的旅館。

人們喜歡用「無奸不商」形容生意人，認為這些人為了賺錢，總是設法從客戶口袋裡騙錢。職場裡確實有很多人都在這麼做，離「誠信」越來越遠。他們似乎忘記做人的基礎是誠信。其實，不管做什麼生意，都是在經營一項事業，都在經營自己的人生，如果失去誠信，哪有人生事業可言？

也許有人會說，我也想誠實經營生意，可是困難太多了，一開始還能堅持，慢慢就做不到了。為什麼會這樣呢？因為誠信不僅需要堅持，還需要付出代價。比如那位失業女工，賠錢賣魚，蝕本經營。長此下去，豈不是賠光所有本錢？

下面就來分析誠信經營會不會賠錢：

制度經濟學家威廉姆•森研究發現，人人都有利己主義動機，所以交易時透過投機取巧獲取私利是十分常見的事情。投機取巧的結果是什麼呢？比如缺貨時哄抬物價，這樣容易造成市場混亂，使消費者不再相信商家的價格資訊。失去信任，也就失去了市場。

可見，從長遠來看，為了誠信看似折本經營，實際上是獲得了更高的信譽，降低了未來經營的成本。所以從經濟學角度講，誠信依然是立足市場的根本。

由於誠信經營的回報不那麼及時，更需要經營者投入耐心和毅力，從思想上重視誠信，並採取有效措施保障「誠信」，抵制虛假行為。

1. 建立一套誠信的規範制度，約束自己和企業。比如監督回饋機制，讓顧客監督經營、回饋意見；實施激勵制度，獎勵員工的誠信行為。

2. 參與投資誠信基金，一方面在經營淡季、資金短缺時，可以獲取誠信資金支援；一方面約束自己，以免做出違背誠信的事情。

3. 為了避免資金困難影響誠信度，在創業中不能盲目發展、投資，應該做好規劃，合理支配資金。如果連薪水都發不出去，這樣的公司談何誠信？

保障誠信，在具體的經營中有幾點需要做好：

1. 明碼標價，童叟無欺，如果缺貨、斷貨，不能借機哄抬物價，獲取暴利；或者在經營中故意價格不明，因人定價。

2. 保證商品品質，不能假冒偽劣代替正品。

3. 履行承諾，說到就要做到。

## 管好帳目，才會管好生意

身為老闆的你，每天都會被大大小小的事情糾纏，從商品到顧客，從員工到市場……是否想到什麼才是經營重心？或者說如何才能抓住賺錢的根本？只有用科學方式管理帳目，讓自己一目了然知道賺了多少，賠了多少，才能更好地管理生意。

### 失業莫失意・不會管帳導致生意失敗的啟示

有一對小夫妻，勤勞能幹，失業後沒有灰心喪氣，透過各種途徑籌得資金，辦起工藝品超市。選址、裝修、辦證、聘請服務員，多日辛苦勞累，店鋪終於開張了。由於商品新穎，服務周到，開業之初顧客盈門，每天送來迎往，還真讓人忙碌。

忙歸忙，夫妻倆還是很開心，客人多，表示生意好。一連幾個月，情況都差不多。又一個月底，夫妻倆決定清帳，看看到底賺了多少錢，也好給服務員發一些獎金。

夫妻倆坐在電腦前，一人念著帳目開支，一人不停地計算，水電費、清潔費、採購費、店鋪租金、員工薪水，各種開支加到一起，計算下來，夫妻倆一時傻住：「怎麼會這樣？利潤在哪裡？」原來，他們的計算結果，這幾個月的收入和開支，基本持平，沒賺到什麼錢。

夫妻倆不死心，對照原始帳本又重新統計一次。不看帳本還好，一看帳本真讓人煩心。這哪是帳本，簡直就是一面「萬國旗」，上面貼著各種票據，橫七豎八，難以辨識清楚，各種收入支出到處亂記，無法理清。再看一些開支，真是莫名其妙：什麼跑腿費、請客費，都不知道為何花出去的，還有熟人購物時價格甚至低於進價、有些人長期賒帳等，總之，這帳本讓夫妻倆頭都大了。

丈夫大發脾氣：「我天天在外面進貨跑市場，妳在店裡就不能好好記帳嗎？」「我也沒閒著啊！」妻子也發火了：「我招呼客人，管理員工，每天從早忙到晚，哪有時間管帳！」

好好的生意眼看就要陷入危機，到底哪裡出問題？很簡單，是他們不懂得財務規劃，不會管帳，才出現這些麻煩。

英國投資家伯妮斯 ● 科恩說：始終遵守你投資計劃的規則，這將加強良好的自我控制。

## 當家做自己・好的財務規劃是良策

1. 做生意，對風險和承受能力要有認識，做好良好的財務規劃，有步驟地避免一些不必要的開支。故事中的夫妻就缺少這方面常識。
2. 管帳不是簡單地記錄收入和開支，有一定的學問和技巧，應該掌握簡單的財務知識。

## 職場一片天・按時給自己發薪水，多賺一分是一分

「山姆士」是一家大型超市，多年來一直是市民首選的商場，可是這間家族式企業，由於帳目管理不善，瀕臨倒閉。在商場中，因為不懂帳目管理出現危機的情況屢見不鮮。從失業中走入商場的老闆們，過去可能沒接觸過財務，以為帳目不過就是收入和支出兩部分，簡單地記錄收支情況，或者根本不記帳，靠「估量」計算賠賺，這些不科學的方法，即是埋下生意最終失敗的隱憂。

不管生意大小，記帳都是重要的事情。記帳可以協助搞清楚生意投入多少錢，什麼時候可以賺回本錢，以及費用開銷、成本控制等。記帳是稅務項目，可以有效進行報稅和審計。記帳也是融資貸款的依據，比如銀行、投資公司、證券交易所都需要查看財務報表。記帳還

有一大作用，那就是協助合理繳稅，避免不必要的稅費。

既然記帳如此重要，那麼該如何科學管理帳目呢？首先應該懂得一些財務常識。做為一家公司，應該具備現金日記帳、銀行存款日記帳、明細帳、總帳四大帳本。記錄這些內容時，原始憑證才有效，收據不能做為原始憑證。

公司少不了繳稅，稅款包括各種明細科目，必須認真核算。比如增值稅計算：應繳增值稅＝銷項稅額－進項稅額。對於進貨、銷售帳務處理，也有常識，比如購進貨物時，取得增值稅專用發票可以抵扣進項稅，普通發票則不能抵扣。

可能有些人會一頭霧水，看不懂這些財務術語，那麼簡單的辦法可以選購一些帳目管理軟體，從網路上管帳。再聘用專業會計師，定期記帳，都是辦法。

在管理帳目上，應該做到分工明確，很多創業型企業都是家族式，老公妻子一起管生意，不分彼此，容易造成混亂。建議這些業主私下商量好，由誰管帳，一抓到底。有一點需要提醒經營者：記得給自己發薪水。薪水是小企業很大的支出部分，如果不給自己發薪水，公司盈利增加，稅款增多，勢必造成損失。所以不要忘了按時給自己發薪水，多賺一分是一分。

企業發展到一定規模，就該聘請專門會計師，負責帳目管理。

## 庫存原來是門大學問

大多數生意，離不開進貨、庫存，有了貨才可以賣，一買一賣之間，賺取利潤。有人認為：「賣什麼進什麼，這有什麼難的！」如果你這樣想，說明你對生意還是非常陌生。進什麼貨？進多少貨？保留多少庫存？關係生意好壞，必須心中有數。

## 失業莫失意 • 使用保鮮劑反應生意經的啟示

有兩位婆婆是鄰居，她們每人各經營一塊菜園，春天耕種育苗，夏天採摘果實。

某一年春天，有一位老闆來到這裡，對兩位婆婆說：「我是經銷蔬菜保鮮劑的，如果你們用了我的產品，蔬菜會長得更好，可以賣更高的價錢。」

兩位婆婆很感興趣，詢問道：「真有這樣的好產品？我們每人買一包試試。」

老闆說：「當然是真的了，不信我免費送你試用。」

第一年結束了，婆婆們的蔬菜果然長得鮮嫩，賣的價格比別人都高。她們非常高興，主動找上老闆，要求再訂購一些保鮮劑。其中一位婆婆按照去年的數量訂購十包，另一位婆婆卻暗自想：「去年用了十包，蔬菜就長得這麼好，今年我要是用上二十包，肯定比去年還要好，還要多賣錢。」於是她一下子訂購了二十包，並全部用在蔬菜園裡。

夏天到了，蔬菜該成熟了，兩位婆婆來到各自的菜園，第一位婆婆看到蔬菜像去年一樣，很新鮮，又是一次大豐收；可是第二位婆婆看到自己園子裡的蔬菜，頓時傻了眼：「這是怎麼回事？蔬菜怎麼都變了形？」原來用的保鮮劑太多，蔬菜瘋長，失去了本來面目。

> 發明家愛迪生說：我首先查看世界需要什麼，然後，努力去發明它。

## 當家做自己・只求利潤，不要庫存

1. 進貨多少，會關係生意能否正常運行，庫存多少，占壓多少資金等問題。進貨量不能太多，故事中的婆婆，貪多反而減產，就是不懂得如何控制用量的問題。進貨量不能太少，太少了供不應求，會影響銷售，降低利潤。

2. 進貨應該與庫存達成比例，最好的比例是：只求利潤，不要庫存。做到這一點，要求商品的新鮮度，「點線面」結合，需要學會計算利潤率、庫存率等。

## 職場一片天・訂貨量該如何預測呢？

訂多少貨？訂哪些貨？每位老闆在進貨前，都會仔細考慮這些問題。必須先了解訂貨是由什麼決定的。

有人說：「能賣多少就訂多少。」那麼，你知道能賣多少嗎？誰也不是預言家，未來的事情很難說。職場常見到的訂貨心態有以下幾種：

1. 我能賣多少訂多少。
2. 憑感覺，感覺產品好就多訂貨，感覺產品不好，就少訂或者不訂。
3. 看庫存，庫存多了，就少訂新貨；庫存少了，就多訂。
4. 看資金，資金充足，就多訂貨；反之則少訂。

上述幾種訂貨的出發點，都是不科學印證。訂貨的目的是為了提供足夠商品，保障店鋪正常銷售；支持店鋪的生存，獲取利潤。如果訂貨不準確，會帶來風險。貨物太多賣不掉，造成庫存量大，既積壓資金，又耽誤銷售良機，影響店鋪正常運轉，更談不上發展。

那麼訂貨量該如何預測呢？應該以店鋪的盈利為前提，計算店鋪的訂貨量。比如固定經營成本為五千美元，產品的利潤在200%，最低訂貨量金額為5000÷200%=2500，最少也要進二千五百美元的貨，如果只訂二千美元的貨，那麼即使一個月賣完所有貨物，利潤也只有四千美元。

由於商家會不斷補充新款貨物，所以第一次訂貨，可以只訂基本需求，然後在銷售過程中不斷補貨。便於保障店鋪的基本貨物量，還能有效控制庫存，給自己留出機動空間。

知道了訂貨量，該如何選擇貨物的款式？有一個簡便的方法：將樣品按照最佳間距陳列好，數一數，有多少款式，就是該選擇的貨物款式數目。零售的店鋪，必須擺脫「存─銷」的思路，要按照「銷─存」的觀念來運作。因為前者的作法，會讓人因為擔心庫存，設法減少訂貨量，導致經營中出現缺貨、斷碼等問題。如果採取後者的作法，從銷售目標推算商品需求量，由需求決定採購，保障店鋪貨物充足，有足夠利潤空間，然後再考慮庫存，設法清理庫存，這才是正確的作法。

所以在進貨中，應強調貨物的品種豐富、不能過於單一、不夠新鮮、貨物雷同沒有特色，最好是「點線面」搭配。「點」是特色，比如招牌菜；「線」是某一風格的貨物，比如鞋類中同樣鞋跟的鞋；「面」指店內所有商品的搭配，比如色彩、風格、價位的組合情況。貨物搭配恰當，才能讓店面給人耳目一新的感覺，又能讓人從中選擇適合自己的貨物。

由於消費經濟的發展，人們對商品的需求日新月異，所以進貨時要掌握顧客的「喜新厭舊」心理，把握好淡旺季。趕在季節前面，是進貨的最佳時機。季初，敢訂貨，提前上貨；季中，充足備貨，及時補貨；到了季末，就要果斷地清理貨物，減少庫存。

有一個現象值得注意：反季節消費。比如冬天吃冷飲，夏天穿靴子，這是消費的時尚表現，如果完全按照常規進貨，又會落伍。實際上，在常規銷售中，淡旺季的分配還可以細分，每個季節又分成淡旺季，最初的一個月是旺季，其他兩個月是淡季。這樣一來，每年只有四個月旺季，其餘大多數時間都在推銷庫存。多數商家都是按照這個規律銷售的，也就造成了不敢備貨、擔心庫存太多的被動局面，導致店面冷清、利潤降低。

如果能夠利用反季節消費，不是每年四次推出新品，而是每個月都有新品，則會極大地促進銷售，避免上述情況。著名的 NIKE 就是這方面的典範，他們每個月推出一個「主題」系列產品，讓自己的專賣店從不出現淡旺季。

了解了進貨的常識，還要清楚與之對應的庫存問題。為了保證銷量，進了貨，可是賣不出去怎麼辦，積壓在倉庫裡如何處理？庫存必須及時、不計成本地當季清理。有人認為清理完庫存再進新貨，可以保障資金回籠。恰恰相反，這一作法會讓店鋪變成「過時貨」，缺乏吸引力，讓顧客遠離。

總之，為了科學化合理地進貨，就要先弄清楚「賣多少才能保本和賺錢」，在此基礎上推算進貨量；如何訂貨，應該根據季節變化，最好趕在季節前面，或者反季節而行，以打破淡旺季帶來的銷售弱點；至於庫存問題，力求做到「零庫存」，即當季的商品當季處理掉。

# 在網站經營中無中生有

網站經營是新興事業，也是吸引大批失業者創業的沃土，不少年輕族群渴望在網站一展身手，實現從無到有、從小到大的突破。

在這片新天地裡，有什麼經驗、常識、理論，能夠幫助你快速成長，占領市場呢？

## 失業莫失意・網路銷售櫻桃，賣出金子價錢的啟示

阿武是位網路愛好者，失業後無事可做，天天在家上網玩遊戲。妻子看不下去，多次督促他：「你也不做點事養家，這樣下去日子怎麼過？」

「做什麼事？現在創業這麼難，弄不好會賠掉所有家本。」阿武嘴上這麼說，心裡也很著急，正因為沒有創業門路，所以他才透過網路打發時間。他本是一位公司辦公室人員，每天抄抄寫寫，處理一些日常事務，像他這樣既沒有資金背景，又不願出力幹活的人，創業還真難。擺地攤，做些小本生意，他不情願；投資做大一點的生意，又沒有本錢和資本。

一天清晨，阿武像往常一樣離開電腦，準備躺下睡覺，忽然電話響了。是老家的一位親

戚，這人非常有眼光，別人種菜，他種樹，他利用先進的技術，種植了一大片溫室櫻桃。春節未到，櫻桃已經熟了。看見櫻桃飄香，本是一件喜事，又趕上春節，一定賣出好價錢。可是這位親戚的家鄉比較偏僻，當地消費水準有限，好好的櫻桃賣不出高價錢！他非常著急，辛苦了一年，本想大賺一筆，說什麼也不肯把櫻桃當做普通水果處理。苦思冥想之下，他想到了網路銷售，可他沒有接觸過網路，不知道如何操作，所以打電話請阿武幫忙。

阿武聽了這個想法，頓覺眼前一亮：「好主意。」他也不去睡覺了，急忙打開電腦，在各個網站發送「早熟櫻桃」的資訊。

沒想到，當天晚上就有了回饋消息，好幾個城市的老闆都打來電話、發來郵件詢問此事，爭著要這批櫻桃。最後，經過商談，櫻桃賣給了遠在哈爾濱的一位餐廳老闆，每公斤五十元人民幣。

阿武幫助親戚賺到了錢，親戚高興地說：「我這櫻桃，賣出了金子的價錢。」從這件事上，阿武看到了商機，他整天上網，了解到網站經營方興未艾，心想：「如果建一個水果行銷網站，肯定會大有前途。」

帶著這個想法，阿武開始認真研究網站行銷，很快掌握一些基本常識，並聯繫到與他一起失業的一位公司經理。這位經理非常贊同他的主張，兩人立即投入市場調研中，並積極籌備網站的建構。

沒多久，水果網站成立了。阿武有了自己的公司，每天從早忙到晚，跑市場、找客戶，再也不是妻子眼裡的「玩家」了。

在經營中，阿武和同事注意到，必須提升網站名聲，才可能吸引更多客戶。這時，恰好有家外國公司準備到中國發展，這家公司的代表找到阿武，表明了他們合作的想法。

阿武認為這是個機會，與同事商量後，果斷地與外國公司進行合作。有了外國公司加入，網站的影響立刻改觀，前來諮詢的客戶更多了，他們都想瞭解外國的市場行情，與國外人做生意。結果憑藉這次合作，阿武的網站步上正常發展的軌道，在業界的名氣越來越大。

雅虎 CEO 塞梅爾說：一次季度盈利可以是僥倖，連續兩次可以是巧合，但是連續三次就是一種趨勢。

## 當家做自己・要想網站出名，一是做大，二是做專

1. 經營網站，需要馬太效應，越出名的網站越吸引新客戶，也就越賺錢。
2. 要想網站出名，一是做大，二是做專。如果先做專，再做大就容易得多。

## 職場一片天•經營網站要有自己的主題，定位準確

1. 搶占功能變數名稱。功能變數名稱是一種資源，有了功能變數名稱，就獲得了一席之地。一個吸引人的功能變數名稱，容易讓客戶記住你，增加點擊率。一九九五年八月前，在網路上註冊功能變數名稱是免費的。有一位名叫提姆的大學生抓住機會，註冊了一個功能變數名稱—Cool.Com。第二年，提姆開始接到大量電話，他們都看中了Cool.Com這個功能變數名稱，其中還有家航空公司。後來，他將這個功能變數名稱賣給了一位消費品廠家，賣價高達三百萬美元！再後來，廠家轉賣功能變數名稱，賣了三千八百萬美元。

2. 要有自己的主題，定位儘量準確，目標不要太高。在網路上，網民喜歡「主題站」，而不是「萬全站」，這就好比專賣店和百貨店，需要哪方面的東西，可以直接去某個商店購買。有哪方面需求，可以直接點擊哪個專業網站。

市場定位準確，一般來說，標準化、數位化、品質容易識別的產品或服務適合在網上行銷。

3. 延長營業時間，降低成本。網站可以二十四小時營業，不會增加各種費用開支，比如加班費、水電費等，自然降低成本。

4. 優化網站，推廣市場，網站推廣的方式很多，比如資訊服務網站，應該保證排名靠前；可以進行有償廣告投入，與傳統媒體結合宣傳。採用 Newsgroup 專業宣傳、在 BBS 站開闢空間等。

5. 及時回饋客戶的問題和意見。網站的特點就是快速，可以開闢即時諮詢服務，收取部分費用。

6. 利用先進技術，將產品或者服務「真實地」再現於網路，秉承誠信原則，贏得客戶信任。網路是虛擬的，但是客戶的需求是真實的，如果不能保證品質，無法滿足客戶，會失去客戶信任。

7. 大樹底下好乘涼，依附於大網站，或者模仿他們的技術、理念，是網站經營中最有利、最快捷方便的辦法。開心網模擬 Facebook，設立了買賣朋友和爭車位遊戲，日均 IP 訪問量達七十二萬，日均 PV 流覽量也達三千多萬，在中國最大網站社區中排名前二百。受到開心網成功的經驗啟發，一些 SNS 網站也開始添加此類遊戲，爭取更多訪問量。

大網站已有成熟的技術、功能、架構和設計，資訊全面、用戶廣泛，模仿他們的作法，以他們為範本，是無數網站的成功訣竅。

# 以點帶面，提升管道

為了做好生意，許多人都在千辛萬苦地尋找銷售管道，不同的管道帶來不同效益，零售、批發、網站……到底哪種方式更適合自己？還有沒有更好的管道呢？

## 失業莫失意・企圖突破戰役的啟示

一九四三年，蘇聯近衛軍第二集團軍第十六軍在庫爾斯克實施突破戰役。當時有九個營擔任先頭衝鋒部隊，他們從不同的方位分別攻擊德軍防線，由於德軍防守嚴密，戰鬥非常激烈，長時間打不開缺口。

在緊要關頭，一個營終於取得了進展，率先突破了一道防線。這個突破口的正面只有一公里寬，在炮火的攻擊下，防守越來越吃力。

師部得知消息後，立即調兵遣將，把兵力投入到這個一公里寬的突破口，不多時，突破口變寬了。緊接著，軍部的兵力趕來，他們集中了90％的炮火和所有的坦克，對準德軍防線，不顧一切地猛烈轟擊。

隨著突破口擴大，蘇聯中央方面的司令部也派來集團軍，利用空軍力量加強攻擊火力。在強大炮火攻擊下，德軍防守部隊無力抵擋，節節敗退，數百公里的防線很快瓦解殆盡。

德軍失守，倉皇撤退，他們在二次世界大戰中發動的最後一次攻勢，就這樣化為烏有，從此之後，德軍再也沒有能力組織有力進攻，註定最後失敗的命運。

美國企業家費瑟說：市場最惹人發笑的事情是：每一個同時買和同時賣的人都會自認為自己比對方聰明。

## 當家做自己・以點帶面，是銷售方法之一

1. 打開一個點，帶動整個局面，蘇聯軍隊的策略在行銷中可以借鑒，不少商家為了銷售商品，會先取得「點」的突破，然後集中力量求得「面」的勝利。

2. 以點帶面，是銷售方法之一，在經營中，還有各種各樣的銷售方法，管道嫁接、季節性合作……只要拓展思路，提升管道，就會尋找到更多銷售方法。

## 職場一片天 • 選擇合適的管道進入市場

美國「高露潔」公司進軍日本時，先在日本本島之外的琉球群島開展促銷活動，免費贈送給當地居民一家一支牙膏。這次促銷成為當地的一大新聞，也引起日本本土民眾關注，電視、報紙都做了熱點報導。高露潔公司的目的達到了，他們透過這次活動，為產品進入日本打下基礎。以點帶面，提升了公司影響力。

選擇合適的管道進入市場，比較關鍵，如果有了好管道，事半功倍。什麼是管道？就是企業和產品順向流動，資金逆向回轉的過程，可以看作一條通路。簡單地說，管道是企業與市場之間的橋樑，沒有管道，就無法賣產品，無法做業務。

管道多種，零售、分銷、專賣……都是常見的通路，這些形式各異的管道使得市場千姿百態。如何選擇管道？可以因勢利導，以產品為核心，建立一套各個環節都能盈利的模式，激發代理商、零售商的熱情。對於新公司、新產品來說，為了開拓新市場，應該先做好佈局工作，使得覆蓋面廣，形成交叉互動，有利於穩定發展。

比如經銷商，覆蓋面積理論上為一百公里以內時，實際也就在直徑三十公里以內銷售力最強；三十公里到六十公里的區域，銷售力會逐漸減弱。六十公里以外，銷售力就比較差了。針對這一情況，為了彌補薄弱地帶的銷售力，可以增加一部分零售商，刺激積極性。

在經營中，善於發現新管道，是通向市場的好辦法。拓展管道，方法非常多，比如採取管道嫁接的形式。百事可樂與遊戲公司合作，就是借助網路進行銷售的管道互補。飲料與麥當勞、迪士尼合作，也是為了互補銷售。

另外，選取季節合作也很有效，比如啤酒銷售，到了冬天就是淡季，這時可以與火鍋店合作，就是開通新管道。

一條路不通的時候，必定還有另外一條出路，在實際經營過程中，永遠都會遇到新問題。因此根據具體情況，隨時解決各種問題，都是在提升管道。為了做到這一點，精明的商人還要做好員工、客戶的認證和性能工作，讓他們積極動腦筋想辦法，提供各種管道思路。

隨著市場競爭越來越激烈，管道競爭也轉向終端，希望透過控制終端掌握市場。寶潔公司就是這方面的成功者，他們與經銷商直接合作，取得了可靠持久的發展。因為終端管道，有利於進行各類促銷活動，激發購買欲望，而且還便於管理，提供最優質服務。

因為管道升級的需要性，企業與經銷商的關係也在不斷變化發展，他們從交易關係變成合作夥伴，培育出很多新的合作方式，比如家電公司、煤氣公司與房地產商合作，共同開發市場，或者享有彼此的市場。

# 適度做虧本買賣，培育更大的市場

不少商家無時無刻都在大力宣傳「免費贈送」、「無償使用」、「打折」、「優惠」等活動，儼然慈善家，不是商人。初涉商場，從失業者到生意人，難免會被這些東西搞暈：「這樣的賣法不賠死蔡怪！虧本買賣，做了有什麼用？」

這種看似虧本的買賣，實際上蘊含很多賺錢的道理，商人不是傻子，不會賠錢賺吆喝，他們的目的是：培育更大的市場。

## 失業莫失意・合作針線和雞蛋生意的啟示

有一個十二歲的男孩，跟母親相依為命過日子。母子倆生活在山腳下，只有一塊面積不大的貧瘠土地，每年春耕秋收，依靠微薄的收入維持生計。男孩子不滿過苦日子，有一天進城為母親買針線時，順帶多捎回了一些。針線是婦女做家務的必備品，村裡有些人聽說男孩子家裡有這種東西，便不再進城購買，轉而向他購買針線。

男孩子很有商業頭腦，把這些針線賣出去，賺了一點錢。有了這次賺錢的經歷，他格外激動，幾天後，拿著賺到的錢再去城裡，又購買了一些針線，拿到鄉下販賣。一來二去，男孩子手裡的錢多了起來。

這時，男孩子注意到一位販賣雞蛋的年輕人，這人與他的生意頗為類似，他先在鄉下收雞蛋，然後拿到城裡去賣。由於都是小生意人，跑同一條路線，兩人漸漸熟悉了。一天，男孩子主動找上年輕人說：「我有個想法，把我賺的每一分錢都交給你，你就有更多本錢收雞蛋了。」

年輕人說：「你給我錢收雞蛋，我有本錢了，可你怎麼辦？」

男孩子笑笑：「你本錢多了，收的雞蛋多了，自然可以在城裡賺到更多錢。這樣，我在城裡用這些錢，就可以多進些針線。」

年輕人恍悟：「哦，這樣你也可以多賺錢了！」

男孩子和年輕人達成協議，他們的生意果然越做越順利，市場越來越大，最後竟然發展成一家貿易公司。

美國華爾街最頂尖的資深投資人威廉●歐奈爾說：經驗顯示，市場自己會說話，市場永遠是對的，凡是輕視市場能力的人，終究會吃虧。

## 當家做自己 • 適度地做虧本買賣

1. 在看似虧本的背後，一定藏有賺錢的祕方，這才是精明商人的作法。男孩子主動把錢交給年輕人，為的就是自己也有更多的本錢進貨。虧本買賣，適度地做一做，勢必帶來更多商機和更大市場。

2. 虧本買賣中，「促銷」是最常見的，免費、優惠、打折等活躍在人們的日常生活中，要想讓這些活動帶來更大市場，需要技巧和方法。

## 職場一片天 • 促銷的目的是為了招徠顧客，而不是賣貨

有一家糖果公司研製了一種口味獨特的糖果，因為糖果品牌多，一時很難打開銷路。耶誕節到了，公司聘用大學生在街頭免費贈送糖果，結果路人品嘗後驚喜，市場迅速打開。

新產品、新公司為了做市場，很喜歡搞促銷活動，把促銷做為通向市場的捷徑。的確，促銷會吸引顧客，擴大市場。這是因為促銷會縮短產品進入市場的時間，讓人們儘快了解產品；會幫助消費者建立消費習慣；可以直接提高銷售業績；有利地抵制競爭對手，防止他人侵入自己的市場領域，並能夠擴張自己的地盤；在刺激某一類產品銷售時，還可能帶動相關

產品的銷售業績。

儘管促銷有這麼多優點，可是卻有人說：「這有什麼？我也會降價、打折、贈送，可是怎麼賺錢？這樣搞法，不但賺不到錢還會賠本！」

賠本的買賣不能做。不過很多人透過賠本的買賣賺到了錢，這又是怎麼回事？

市場沒有 1+1=2 那麼簡單，如果你每天提心吊膽算計利潤，不知道花費精力維持市場，滿足顧客需求，沒有長遠的眼光和打算，是無法在市場立足。相反，贈送、打折等看似賠錢的行為，卻會為你帶來更大市場，這其中的操作方法非常重要：

## 1. 促銷的目的是為了招徠顧客，而不是賣貨

產品會不會吸引顧客，只有顧客使用後才有決定權，這叫產品體驗。在現代社會中，產品層出不窮，日新月異。如果沒有獨特的手段讓顧客使用產品，一切都等於零，這時免費贈送、無償使用等方法應運而生。

網際網路剛剛誕生時，完全免費，沒有一點商業性。顧客可以在網上免費讀書、免費聊天、免費遊戲、免費查詢，由於是免費的，消費群體迅速膨脹。有了消費市場，網路就成了一塊賺錢的大蛋糕，因為每個免費瀏覽者，都是一個潛在的付費用戶。

不過，贈送也好、免費也好，商家都要明確一點：目的是為了招徠顧客，因此應該降低成本，選擇最適當的方式、方法、避免不必要的浪費。

## 2. 選擇促銷時，要根據自己的實力、產品的特色進行

如果是新產品上市，或者進入一個全新市場時，最有效的方法就是樣品免費贈送。免費贈送可以讓顧客試用產品，還能挖掘潛在客戶。食品、保健品、美容品比較適用這一方式。日本化妝品牌 DHC 進入中國市場時，就採取免費試用形式。

酬謝老顧客，或者賣場有活動時，多採取附贈方式，如買一送一、同商品第二件六折，需要注意的是，附贈商品的成本應該控制，最好在主商品價格的5%—10%之間。

## 3. 促銷不是賣貨，必須注意節約開支，避免浪費

進行活動，會用到場地、人員、帳篷、舞台等，這筆開支若控制不好，會加大成本，失去效果。

不管做哪種「虧本」買賣，都要學會選擇消費對象，也就是未來的潛在客戶。比如女士化妝品，可以送給女士、男士，他們都有可能成為客戶，但如果是送給兒童，基本上等於白費工。

# 機會不同於運氣

有一種時機，是創業的人必須了解的，就是節慶假日。節慶假日是銷售旺季，很多商品都可以傾銷一空。這種機會對於每個商人來說，都是平等的，關鍵在於如何抓住機會，巧妙地利用這個機會搶占市場。

## 失業莫失意‧一瓶礦泉水做成大筆生意的啟示

中秋節來臨之際，各大商場都做好準備。李小姐趁著假期，打算購買一套廚房用具，便來到某一家電器超市。

超市內的各個專櫃前擺滿促銷海報，促銷人員不厭其煩地向每位路過的顧客解說：「我們公司正在做促銷，購滿三萬元，贈送三千元，機會難得，先到先得。」他們一邊說，一邊往消費者手中塞海報。李小姐從這個專櫃走到那個專櫃，在人潮中擠來擠去，手中已經握著六七張海報了。海報都是各大公司的產品介紹、節日促銷資訊，猛一看，真的讓人心動。

李小姐徘徊在這些專櫃間，詢問了好幾家：「我不要贈品，可以換回現金嗎？」

「不行，」回答一律不容置疑：「只能贈送物品。」

這讓李小姐很為難，因為所有贈品她都不需要，如果為了購買廚房用具，搬回去音響、吹風機，往哪裡放？她躊躇不已，不知不覺來到一個專櫃。這家專櫃擺著一款新產品，吸引李小姐注意。這時，不等李小姐開口，促銷員微笑走過來，隨手拿起一瓶礦泉水遞過去，並說：「您好，小姐。」

李小姐轉了半天，正口渴呢，接過水後很高興地說：「謝謝，謝謝。」

促銷員和李小姐很自然地聊開來。李小姐奇怪地問：「我看你們好像沒有促銷啊？沒有他們那樣買三萬贈三千的活動。」

促銷員回答：「我們專櫃從不隨意打價格戰，節前節後的價格都一樣。其實您比一比就知道了，很多商品雖然搞贈送活動，實際上，大多數都是節前提高價格，然後在節慶假日的時候進行打折、優惠。」

李小姐聽了，覺得有道理。這時促銷員接著說：「我們追求產品的品質穩定，不會為了多盈利降低品質。所以，有眼光的顧客還是願意選擇我們的產品。」說著他帶領李小姐仔細地觀看產品。

兩人一邊觀看一邊聊著，大約十幾分鐘後，李小姐滿意地挑中一台抽油煙機、一台灶具、一個消毒櫃。促銷員為她開出票據，並熱情地說：「您放心，我們會按時送貨上門。」

立通網路公司負責人湯姆說：如果公司還未站穩，你就得每天下一次賭注。

## 當家做自己・節慶行銷，要有屬於自己的特色

1. 節慶假日是購物高峰期，銷量比平時高出不少，很多商家都希望利用這個機會大賺一筆。

2. 節慶行銷，要有屬於自己的特色。故事中李小姐最終選擇了沒有搞促銷的品牌，在於這家品牌公司巧妙地避開優惠浪潮，採取人情味銷售模式。可以說，是一瓶礦泉水擊敗三千元的贈品。

3. 節慶行銷不是短期售賣活動，如果只是為了多賣貨，採取一些虛假欺騙行為，會損害公司形象。

## 職場一片天・搶占節日市場，究竟該搶什麼？

節慶假日，消費者有充裕的時間，而且聚集大量購買力和強烈購買欲望，在這三個主力

原因的作用下，市場顯得火熱無比。耶誕節帶動聖誕大餐、情人節帶來玫瑰海洋，都是很好的例證。

節慶假日行銷，應該提早做好準備，比如春節前一個月就進入銷售週期。準備工作是多方面的，首先確定目標，搞清楚目標消費者，不要陷入打折風潮的促銷誤區。

節慶假日，消費者一般都有幾種情況：專門添置過節用品者、送禮者、平日沒有時間血拼者、選擇放假時消費者、經濟條件較差者、平時沒有能力消費、節日期間不得不消費者。

從不同的消費情況可以看出，這些人的消費能力、心理、習慣都不一樣，精明的商人需要根據實際情況，針對不同客戶展開相應銷售措施。

在節日，消費者除了固定客戶外，還有來自外地的學生、遊客、探親訪友的人等，隨著網路發展，商家不妨到網上搶占市場。比如社區 BBS 促銷、開網路商店、設立分銷店等，都會發展客戶群。

搶占節日市場，究竟該搶什麼？

**第一，貨源**

由於銷量驟增，平日的貨量根本不足應付，如果不能保障貨源供給，斷貨缺貨，自然無法賺到錢，所以提前進貨、與供應商協商好節日供貨需求，都是必須的。

**第二，利潤**

節日市場會出現供不應求的現象，甚至出現搶購，比如春節，不管貨物貴賤，年貨必須備齊，這是國人的習慣。這個時候，如果貨物是稀有商品，其他商家沒有，便可以提高價格，趁機多賺一筆。

## 第三，時間

節日時間固定，說過去就過去了，很多時候人們看到同樣一件商品，上午還熱賣，下午就無人過問了。所以先下手為強，分秒必爭，是節日銷售的特點。

現實中，儘管很多人了解節日市場的特點，可節慶過後一算帳，還是有人歡喜有人愁，有人賺得盆滿缽流，有人乾瞪眼看著別人日進斗金，可顧客就是不肯往自己的錢櫃裡扔錢。為什麼會這樣？原因主要是：有些人因為不懂搶占節日市場，或者沒有備足貨物，或者沒有足夠的銷售人員，或者缺乏宣傳，目標不夠準確。與之相對應的是，另外一些人太能「搶」了，反而沒有在節日市場上大賺一筆。這些人有的憑藉經驗、有的出於感性判斷、有的出於打擊對手的目的，提前引爆市場，讓市場陷入價格戰的惡性循環，結果害人害己。還有的人只顧眼前利益，銷售假冒偽劣產品，牟取暴利，置顧客利益於不顧，自然得不償失。

從以上分析可以看出，過節期間應針對不同顧客需求，制訂銷售策略，比如送禮型的，要求層次高，品質好，商家可以從包裝、宣傳、服務等方面給消費者信心，讓消費者不但買到禮物，更得到關懷和面子。再比如春節備年貨，講究實在實用，物有所值，這個時候商家的定價不能太高，物品最好體現出喜慶特色，附帶一些贈品，春聯、糖果，會受到消費者歡迎。對於趁著節日添置用品者，這些人平時資金也許不充裕、或者時間不寬裕，不管哪種情況，他們對商品的價格敏感度會相對降低，更希望買到一種滿足感。所以，賣給他們貨物，除了讓利、優惠外，還要從精神上尊重他們，肯定他們的行為。

# 小生意也可以做出大市場

小生意，有時候也可以做出大市場，這是很多創業者的夢想。可是這樣的機會多嗎？有多少可行的方法和策略呢？

## 失業莫失意・姿態高傲引發失誤的經營啟示

傑普遜的公司成立之初，由於銷售人員能幹，業務做得出色，業績迅速增長，很快在業界有了知名度。當時公司的銷售策略是：客戶需要什麼就賣什麼，什麼產品掙錢賣什麼。因為那時品牌代理剛剛出現，還沒形成氣候。

第二年，不少廠商開始聯繫傑普遜，希望對方能夠代理自己的品牌，其中還有不少外國企業，大都是名列世界五百強。有一天，天降大雨，某品牌公司駐本國的負責人，在大區經理和翻譯帶領下來到了傑普遜的公司，他們開門見山地說：「由於進入貴國的時間較晚，我們急於打開通路，所以希望您能考慮一下，做我們的代理商，幫助打開本地市場。」

傑普遜反問：「有什麼條件嗎？」

負責人說：「因為是初次合作，我們的條件非常優厚。」他們答應提供資金，而且還免費做廣告和技術培訓。至於傑普遜的公司，則要完成一定銷量，保證在本地區的銷售業績。

傑普遜盤算一下，完成他們提出的銷量可能有一定困難，現在賣什麼都賺錢，沒必要與他們簽協議，受制約，萬一達不成任務還要承擔違約責任。想到這裡，他不客氣地回絕了負責人，簡單地把他們打發走了。

此後，傑普遜依然如故經營自己的公司，頗有點感覺良好的味道。沒過兩年，他發現市場變了，許多與他同時起步的公司，因為與大品牌合作，並在其扶持下日新月異，發展迅速。特別是那家被他拒絕的公司，在當地找到了另外一家代理商，那家代理商原來根本不是傑普遜的對手，可現在不但超越，還取得政府採購資格，眼看成為業界第一。

傑普遜後悔莫及，這才認識到與廠家合作的重要性，急忙尋找合作對象。由於晚了兩年，市場已非昔日可比，每每前進一步都非常艱難。傑普遜不甘落後，努力爭取與大公司、大品牌合作，終於在售後服務取得進步，憑藉這一特長，公司總算在競爭中保存一席之地。

日本出光興產公司創辦人山光佐三說：不要成為法律、組織和機構的奴隸。

## 當家做自己・借鑑大公司的經驗分一杯羹

1. 與大公司合作，借助大公司的力量，借鑑大公司的經驗，分他們一杯羹，是小生意做大的捷徑。
2. 小生意做大市場，還要學做第二名，跟隨第一名之後，獲得利潤。
3. 不要與老大爭市場，一旦被大企業看中的市場，沒法與之抗衡，最好的辦法是獨闢蹊徑，開創自己的市場。

## 職場一片天・小企業與大公司合作，需要「媒婆」和時機

工廠倒閉了，幾名失業工人買走廠裡的機床，另外幾名買走模床，他們獨立創業，接貨掙錢。幾年後，經營機床的人發了財，成立了資產上千萬的機床廠；可經營模床的人依然掙扎在溫飽線上。這是什麼原因？發財的人說：「是我們機會好，接到了飛利浦的訂單。」站在飛利浦的肩頭，他們實現了飛躍騰達。目前，他們不但為飛利浦電視提供外殼等配件，還陸續與索尼、三星、夏普等家電公司合作，銷售金額占營業收入的80％以上。

### 1. 小企業從大公司手中分一杯羹，被很多人看做是最有效的盈利模式

在這裡，小企業可以利用大公司的品牌、管道、市場，讓消費者儘快接受自己的產品，因為消費者崇尚名牌。小企業還可以直接與大公司聯合，引進他們的生產線，或者為對方生產某些技術含量低的構件；做品牌代理、專賣店等。

小企業與大公司合作，需要「媒婆」和時機。為了早一步借助到品牌的力量，不妨提前行動。洛克菲勒將自己的地送給聯合國辦公，因為他看準了聯合國將要在國際政治舞台上扮演重要地位，在送出這塊地後，同時進一步開發周圍土地，果然這塊地為他帶來滾滾利潤。

## 2. 分大公司一杯羹，還要學會跟在對方身後，撿取剩餘利潤

這叫第二法則。烏鴉不會捕獵，為了填飽肚子，牠們專門撿拾羊的糞便，將其扔到有狼的地方。狼聞到新鮮的羊糞味，便會順藤摸瓜抓住羊。狼飽食羊肉離去後，烏鴉就會飛過來，享受剩餘美味。

所以，聰明的小企業會追隨在大公司後面，開拓市場，尋找商機。

## 3. 借助原創者組織，提升形象，擴大市場影響力

從與大公司合作出發，小生意要想做大，還可以借助原創者組織、某些科學實驗、名人、社會活動影響等，提升形象，擴大市場影響力。

有家火鍋店看準火鍋節這一活動，下力氣推出主打產品，製造影響力；有家旅遊公司在奧運期間，打出奧運旅遊牌，也讓市場提升不少。

Chapter7

## 萬巒豬腳啟示錄

# 失敗並不可怕，換個思路換來財富

屏東的萬巒豬腳聞名台灣，所用食材精挑細選，加以獨特的配方小火慢滷，經過三小時以上的時間才可以食用。同時配上特製的蒜頭醬油，香味四溢，開胃爽口，餘味無窮。

成功沒有捷徑，創業亦如做豬腳，需要經過多次反覆加工、調製，半點馬虎不得。

# 從問題中尋找突破口

創業之路並非一帆風順，這是正常現象。在創業中會遇到各種各樣難題，還會經歷數不清的失敗，從失業走上創業之路已然不易，如果又遭遇失敗，該如何面對？

## 失業莫失意・旅遊市場小本經營的啟示

阿泰被報社裁員失業時，手裡僅有五十萬積蓄，當時社區中巴營運線路熱門，是比較搶手的生意。恰好有位朋友為他推薦了一條營運線路，阿泰覺得機會難得，又籌集一百萬元，總共投資了一五〇萬元，搞起客運業務。從此他從失業者跨入老闆行列。可是做老闆難，做一名成功的老闆更難。阿泰很快體會到經營的種種難處，由於這條線路客流量一般，每天的營業額較低，加上缺乏管理經驗，對售票員沒有統一有效的管理，結果半年時間不到，他的老闆夢就以失敗告終，賠了七十萬元。

第一次創業失敗，阿泰並沒有一蹶不振，他從這次經歷中悟出一個道理：「大生意需要雄厚資本，如果沒有足夠的資金支援，最好不要涉足這一領域。」有了這樣的教訓，他認識到對自己這樣的人來說，最好從小生意入手。帶著這樣的想法，半年後他開了一家小餐館。小餐館投資較低，一間不大的門面、一些簡易的桌椅用具、幾名工讀服務員，加上每日不多的進貨。用了不到二十萬元，他的餐館就風光開張。

餐館的利潤比較高，而且由於店面選在人群密集區，顧客流量較多，每天收入還算可以，阿泰心想：「慢慢累積吧，等有了積蓄，再將規模擴大。」

可是天有不測風雲，阿泰的老闆夢沒做多久，政府貼出通知：餐館所在區進行拆遷改造。不得已，小餐館只好關門大吉。

雖然這次創業又失敗了，阿泰卻認識到經營小本生意的好處。轉過年，本地旅遊市場開放了一批小攤位，正在招募投資者。阿泰經過研究，發現大家都爭搶承租離景點近的固定攤位，而離景點區較遠的休閒廣場，有兩個臨時攤位無人問津，所以這兩個攤位承租費偏低。阿泰雖沒有經營過旅遊行業，卻覺得這是個機會，在妻子鼓勵下，他把資金投入到這兩個攤位上。

一開始，阿泰模仿其他人銷售旅遊紀念品，效果不佳，因為這裡離景點區較遠，遊客一般不會捨近求遠到他的攤位上購買紀念品。好在投資不高，還能勉強將生意維持下去。就是這段時間的堅持，讓他發現新的商機，原來路過他攤位的遊客，大都是遊覽後到此休息的人；還有當地居民，也選擇廣場做為休閒地。從消費群體入手，阿泰覺得不能單純經營旅遊紀念品，應該增加一些休閒娛樂、兒童遊樂項目。他首先訂購了一批「風車」玩具，果然銷量極好，一個月就賣出去五千多個。這件不起眼的玩具，讓他賺了不少。

嘗到甜頭，阿泰訂購的娛樂產品種類越來越多，為了滿足消費需求，他還不斷更新花樣，推陳出新。在選購產品時，阿泰還上網路搜索，因為從中會更快、更迅捷地發現最新產品和項目。有一次，他從網路認識一種新產品，這是一種視覺玩具，只要投入一枚硬幣，就能從中觀看到各種有趣的圖案，類似萬花筒。由於操作簡單、價格低廉，他立刻訂購了一批。這批玩具立即吸引孩子們的目光，紛紛購買，結果這一專案為阿泰送來十幾萬的利潤。

比爾・蓋茨說：失敗並非壞事，一次失敗能教會你許多，甚至比你在大學裡所學的還有用。

## 當家做自己・只要利潤高，再小的生意也會賺錢

1. 創業難免失敗，從中尋找原因，發現問題，會幫助以後的創業之路更順暢。
2. 創業失敗的原因很多，比如投資不當。投資是做生意中遇到的頭等大事，正確的作法是選擇利潤高的，而不是投資額度大的。只要利潤高，再小的生意也會賺錢。阿泰前後三次

投資創業，證明了這一點。

## 職場一片天・要有「從來就沒有擁有過，又何必擔心失去！」的心態

有人曾經做過一項實驗，讓人隨意選取擺在眼前的冰淇淋，結果大部分人選了一杯看似量多，實則量少的冰淇淋。在現實生活中，創業也是如此，人們容易被表象迷惑，做出各種錯誤的決定和選擇，從而讓創業之路一次次失敗，不但沒能賺到錢，反而賠了本。

失敗的原因非常多，總結有以下幾方面：

### 1. 沒有做好充分準備工作

有些人帶著情緒創業，沒有客觀地分析創業前景和市場情況，也不去估計自己對風險的承受力，以及來自事業的壓力，憑著一腔熱情，甚至自以為是地以賭博的心態創業。結果遇到困難時，經不起打擊，想不出主意，怨天尤人，只有等待失敗的結果。

### 2. 創業中管理跟不上

有些人急著當老闆，生意開張了，便高枕無憂，把工作交給員工，自己做起「甩手掌櫃」。或者是用人失誤，造成不必要的損失。

### 3. 決策失誤，盲目投資

有些失敗是因為決策失誤造成，比如沒有專業方面的知識和經驗，選擇項目失誤，盲目開張經營，進購貨物，結果款式不對，只好賠本低價出售，付清店租之後，所剩無幾。有些是盲目擴張，度過創業初期，掘到第一桶金後，急於發展，不停地貸款投入資金，使得抗風能力下降，這時稍有不慎，就會全局崩潰。

還有些人受經濟潮流影響，跟著創業，比如政府銀根鬆動時，大舉貸款，創辦較大規模的公司、企業，投入的資金就像流水一樣，一旦產品銷售不暢，或者政府銀根緊縮，立刻就會陷入僵局。

以上分析創業失敗的幾種原因，不免令人想到，失業者由於不滿現狀，希望透過努力改善生活狀況，所以才走上創業之路，這就叫「從來就沒有擁有過，又何必擔心失去！」面對失敗，可以用這種心態說服自己，並勇敢地反思：失敗的原因到底出在哪裡了？

找到原因，對症下藥，將會從失敗中得到最好的經驗，使以後的創業道路更加暢通無阻。

## 善用失敗這本活教材

有了原因，就可以從此入手，深刻反省錯誤，以求利用過去的「失敗」，獲取未來的「成功」。

### 失業莫失意・建築商「未做之前先想到失敗」的啟示

林先生是位著名的建築商，年輕時他從買賣建材中獲得了人生第一桶金。二十世紀六〇年代，他開始涉足房地產。房地產是風險極大的投資，在這個領域中失敗落馬的商人比比皆是。林先生也未能倖免，在風起雲湧、大盈大虧的地產生意中，他很快賠光了本錢，回到了一窮二白的起點。

這次失敗給林先生深刻教訓，此後他總結出一套經商哲學：未做之前先想到失敗。幾年後，又一次投資機會來了，政府準備拍賣一塊地，當時附近地區的土地行情最高不過一五〇萬美元，可是他卻破天荒地突破二百萬美元的記錄，以二二〇萬美元的高價買下這塊土地。

家人聽說林先生的決定，紛紛抱怨他：「太高了，這麼高的價錢買地，你是不是腦子進水了？」

林先生卻不這麼認為，他說：「我寧可多出點錢給政府，也不願多冒1%的風險。」原來，他想到這塊土地如果被他人買走，這人如果不能合理利用這塊地，肯定會影響周圍土地開發，這樣一來，如果想涉足這塊土地，就要花更多錢。為了節約成本，避免風險，他選擇穩重求勝。他說：「我不要求賺最多，只求能夠長久地發展下去。」

依託這塊地皮，林先生的創業之路越走越寬。

日本八百半集團總裁和田一夫說：同樣的錯誤不能犯兩次，這是一個領導者應該具備的素質。

## 當家做自己・書本中無法獲取的經驗

1. 接受失敗的教訓，就是在降低風險。林先生善於總結失敗，為以後的成功打下基礎。
2. 不管是失敗的決策、管理，還是投資，都會給你書本中無法獲取的經驗。

## 職場一片天 • 失敗是下一次成功的開始

在哪裡跌倒就從那裡爬起，是勇者對自己的激勵。職場中，沒有失敗經歷的人是不存在的。可是有些人失敗了，此後一蹶不振；有些人卻從失敗中成熟壯大，成為業界乃至商界的領袖人物。

所以，調整心態，正確地面對失敗，是最正確的態度。失敗是下一次成功的開始，從現在起，反省失敗的原因，找出相應對策，開始新一輪的拼鬥。

加拿大有一家公司從日本訂購了一萬台咖啡機，卻發現當地的水溫比日本低，自動調溫器不能正常運轉。咖啡還沒有煮熟時，機器就自動關閉了，這一明顯失誤，是因為事先沒有做測試。咖啡機賣不出去，看來這次的生意徹底賠掉了。加拿大公司的決策者非常焦慮，不過他們並沒有斷絕與日本供貨商的關係，相反的，他們利用這次失誤，再次向日方購買吹風機，不過提出壓價一美元／台，用以補償咖啡機的損失。日方對咖啡機的事也覺得內疚，於是同意這一條件。由於吹風機銷售不惡，加拿大公司的生意不賠反賺，成功地扭轉了一次巨大失誤。

利用失敗，可以從幾方面著手：

### 1. 請行家高手幫助分析原因

當局者迷，旁觀者清，當局者在失敗面前往往不清醒，看不清真實狀況。這時如果肯求助他人，會得到比較客觀的分析和看法。

行家高手容易分析清楚專業性因素。有些時候失敗是由於缺乏專業知識造成，比如財務知識缺乏，不懂得投資常識，有了行家幫忙，當然可以避免錯誤發生。有一位策劃公司董事長，打算用現金購買一批設備，會計反對：「現在公司的情況不允許這麼做，完全可以採取分期付款的辦法。」他不採納，只想著早早付清貨款，結果現金支出去了，卻無法支付員工薪水，讓他狼狽不堪。

## 2. 整合剩餘資源

失敗了一次，輸掉的可能是金錢、人脈，或者市場，不過你絕不會一無所有，這時候應該盤點剩餘資源，比如固定資產、商標、專利技術、客戶資源等，為再創業做準備。資源重新組合後，就是下次創業的前期投入。

## 3. 誠懇地對待幫助過你、與你有關業務往來的每一個人

不管是家人、投資者、員工，還是客戶，他們在你的創業路上都曾給過你幫助，有些人為你提供資金、勞動、商品和利潤，有些人為你提供勇氣和決心。一旦失敗，實事求是地告訴他們真相，勇於承擔責任，會取得他們的理解和支持。

有了這些人的理解，可以說你的失敗難關就度過一半。八百半總裁和田一夫一生經歷了三次重大失敗，二十歲時蔬菜店失火，家當毀於一旦；二十世紀七〇年代，八百半巴西分店倒閉；六十八歲時八百半破產。從億萬富翁到身無分文，和田一夫的夫人對他說了一句話：「我本來嫁的就是蔬菜店的老闆，不是八百半總裁，我們重新開始吧，大不了再開一家蔬菜店。」正是這句鼓勵的話激勵，讓和田一夫決定重新開始，年近古稀的他與一位二十七歲的年輕人合作，開辦了諮詢公司，用一年九個月的時間帶領公司上市。

# 打破常規，絕不隨波逐流

善於打破常規，從失敗中尋找到突破口，也是面對失敗，化險為夷的好辦法。

## 失業莫失意・法哈德販賣島嶼的啟示

二十世紀七〇年代，興起了販賣島嶼的新行業，有人從中獲利無限。法哈德・維拉迪聽說了這樣的事，不惜花費高價準備買下一座島嶼回去賣。計劃不如變化快，等到了那裡，法哈德・維拉迪才發現自己口袋裡的錢太少了，最便宜的島嶼也要十萬美元，他根本買不起。折騰不少路費開銷，卻一無所獲，真是令人惱恨。法哈德・維拉迪流連於當地的島嶼上，拍攝了大量照片，也好證明自己曾經到此一遊過。

照片洗出來後，法哈德・維拉迪望著上面美麗的風景，忽然眼前一亮，他想：「我何不拿著這些美麗如畫的照片去尋找買主呢？何必先買後賣，如果對方相中了照片上的島嶼，我為他牽線引路，贏取一定傭金，不就照樣可以發財嗎？」

於是，法哈德・維拉迪開始聯繫一些富商，不久，找到了一位漢堡富翁，他把照片展示給富翁，並極力描述當地風景如何美麗動人，遊說他買下島嶼，從中提取5％傭金。有了這次經驗，法哈德・維拉迪開始遊走在各種雞尾酒會、豪華宴會間，專門向有錢人介紹島嶼。經過三十五年時間，他賣出去了二千座島嶼，年收入達到二千萬至三千萬歐元。

美國企業家羅賓・維勒說：我成大事的祕訣很簡單，那就是永遠做一個不向現實妥協而刻意創新的叛逆者。

## 當家做自己・反敗為勝在於不要隨波逐流

1. 打破常規思路，可以在失敗中發現新的利潤、新的希望。法哈德・維拉迪失望之餘，想到了前所未有的販賣島嶼方法，反敗為勝。
2. 反敗為勝，關鍵在於不要隨波逐流，人云亦云，而是另闢蹊徑，從反方向、逆方向、側方向著眼、著手。

## 職場一片天・只會使用錘子的人，總是把一切問題都看成是釘子

打破常規，勇於從失敗中尋找新的商機，是職場常見的反敗為勝的作法。失敗是常有的事，但並不是每個經營者都能反敗為勝。如何應對失敗，化險為夷，需要具有創造性思維。保守、陳舊、隨波逐流的思考習慣只能重複過去，不可能改變失敗的現狀。因為每個人都擁擠在一條路上，這條路就走不通了。

南宋時期，杭州發生了一起大火災，數萬間房屋葬入火海。一位裴大商人的店鋪未能倖免，家人傭工準備衝進火海搶救財產，卻被他阻止，他不慌不忙地帶領這些人撤離險地，好像沒有看到大火肆虐一般。幾日後，他悄無聲息地從外地運來木材、石灰等建材。當這些材料源源不斷堆積起來時，這場燒毀了大半個杭州城的大火已經熄滅。朝廷為了重建杭州城，頒佈命令免除一切經營建築材料的稅收，結果建材價格猛漲，裴大商人借機大賺一把。

創新思維，就要勇於向習慣挑戰。為了省去探索的步驟，害怕走冤路，很多人重複從前的腳步，用固有的思維模式想問題，習慣這種模式，就會阻礙人的思路，難以產生新的探索和嘗試。心理學家說：「只會使用錘子的人，總是把一切問題都看成是釘子。」卓別林主演的《摩登時代》裡的主角，就是這樣一位人物，他的工作是拆螺絲帽，結果養成了一種習慣，看見和螺絲帽相像的東西，就會不由自主地去轉一轉。

## 不斷尋找創業中的藍海

有時候失敗來自於強大的競爭對手，對方過於強大，讓商品變成一堆炮灰。一旦發生這樣的情況，最好的辦法不是與對手對著幹，而是不停地尋找創業藍海，避免與對方正面交鋒。

### 失業莫失意・從零開始，重新打拼事業的啟示

詹尼斯是加拿大一家軟體公司的總裁，在經濟危機面前不得不離開職位。他來到公司停車場，準備開車回家時，看到了與他一樣失去工作的公司副總。兩人對視一眼，便朝著彼此走過去，他們幾乎異口同聲地說：「好吧，夥計，我們該各自去創業了。」

說實話，此前詹尼斯並沒有想到自己會失業，特別是最近剛剛購置了一間新房，太太還為他生下一對可愛的雙胞胎兒子。儘管他想安穩地先把孩子們撫養長大，可生活就是這樣愛跟人開玩笑，讓這位初為人父的總裁失業了。

現在，詹尼斯必須從零開始，重新打拼事業。不多久，他聯繫到一位合作夥伴，共同建

立了新軟體公司。

詹尼斯曾經做過醫藥公司主管、軟體公司總裁，對於公司的業務熟門熟路。他知道軟體公司競爭激烈，原來的公司就是因為在競爭中做出錯誤的決定，才導致最終失敗。眼下，自己的公司起步晚，實力一般，無法與大公司抗衡，只有不斷地尋找新客戶，開拓新市場，努力提升產品的品質，才會有生機。因此他開始廣泛聯繫業務，以良好的態度對待每位客戶，經過四年時間，他擁有了大量客戶，業務甚至拓展到印度、中東地區。

四年的創業過程中，詹尼斯遇到過無數挑戰，困難面前，他覺得從零開始，必須徹底反省自己，才會克服困難。

有了小的成功，詹尼斯將目光投向更大的目標和更廣闊的市場，他打算五十歲之前關注世界糧食短缺問題，希望在這一領域做出自己的貢獻。

日本企劃大師高橋憲行說：只要不是穩健踏實地行商，迅速發展就等於迅速破產，只有使多種商品不間斷地相繼配合上市，才能使迅速發展的事業穩步前進。

## 當家做自己‧不要把精力放在與對手競爭上

1. 避開競爭激烈的市場，尋求適合自己的、有利可圖的發展空間，是詹尼斯成功的訣竅。
2. 不要把精力放在與對手競爭上，而是全力提升自己產品的品質，並為買方著想，為客戶提供最優質服務。

## 職場一片天 • 透過差異化手段得到嶄新的市場

紅海、藍海是經濟學的新說法。紅海大意是指競爭極端激烈的市場；藍海則指沒有惡性競爭，或者說一個透過差異化手段可以得到嶄新的市場。一眼就能看出，企業如果找尋到藍海，無疑會為自己開創一片「無人競爭、充滿利潤」的市場空間。

這片誘人的藍海如何找到呢？

第一，可以把眼光放在更多行業、更多戰略業務上，不要侷限於已經存在的行業、業務和方式方法上。行業處於不斷更新換代中，業務日新月異，隨時都會出現新情況，如果一個企業能夠在戰略上放眼替代性行業、放眼行業內部不同的戰略類型，會發現更多的創業藍海。

第二，不要總是盯著競爭對手，而要把主要精力放在客戶身上，設法提供互補性產品、服務，以滿足客戶的功能性或者情感性訴求。讓對方滿意，你也會得到更多回報。

第三，不要只看眼前，而要放眼未來。只有向遠處看，才會看到更寬闊的空間，才容易發現從未有過的東西。

當然，做到以上幾點並不容易，因為一個人或一家企業也罷，總會面臨各種障礙，比如認知障礙、資源障礙，還有來自政治、社會等障礙。克服這些障礙，也有具體的作法。

先來看看認知障礙，多數 CEO 會制訂一個數字目標，然後對下屬說：「創下這些目標或超越這些目標。」這有用嗎？數字是可以操縱的，不一定可靠，當 CEO 喝著咖啡研究這些數字時，卻絲毫不能了解市場的真實情況。因此親自去看一看實際情況，聽聽客戶的怨言，比「市場調查表」更實用有效。

再來是資源障礙，聰明的老闆不會費盡心思挖掘更多資源，而是懂得合理支配既有的資源價值。可以把資源簡單地劃分，比如有些產品熱賣，可以多派銷售人員，多做廣告，多進行開發創造。

其他的障礙，一定要看清楚誰是朋友，不要孤軍作戰，而要尋找最廣範圍的支持，努力實現雙贏。可以看看公司內，是否存在有德高望重的謀士，還是僅有財務總監和技術顧問。如果謀士能夠為你排憂解難，那麼你的事業肯定會減少失敗，走得更久更遠。

## 敢於嘗試才能取得成功

創業路上，不論失敗與否，能夠持之以恆地去嘗試、努力，必定會帶來最終的勝利果實。很多人都是在一次次失敗後不停地嘗試新的思路、新的辦法、新的專案，才能有所突破。對這與曾經失敗的人來說，唯一不變的態度，便是勇於嘗試的精神。

### 失業莫失意 • 轉行投資房地產致勝的啟示

彼特是美國費城的一位鄉村農場主人，一九四五年春天，他突然聯繫記者，希望他們能夠在當地最大的報紙發佈農場的相關報導。記者聽後，認為彼特的農場肯定經營不錯，所以才想到要做報導宣傳，於是急忙忙趕到那裡，準備採訪工作。

記者見到彼特，不禁大吃一驚，因為事情根本不是他們所想的那樣，彼特先生並非為了宣傳農場。事情的原委是這樣的：彼特聽人說，加工牛奶非常賺錢，便花費五百萬美元購置了機器設備，結果不但沒有賺錢，反而損失嚴重，將自己置身於負債累累的境地。走投無路之下，彼特想讓記者幫他在報紙上宣傳，看看有沒有人願意與他合作，一起生產牛奶。記者了解到事情的來龍去脈，真是哭笑不得，一口回絕了彼特的請求，紛紛離去。

人們聽說彼特的事後，嘲笑他：「真是胡來！」有些好心人勸他，不要再冒險了，還是專心種植農場。可彼特這時不知又聽誰說，加工牛奶的機器可以生產氨基酸。他熱血澎湃，在絲毫不了解氨基酸的情況下，又冒險貸款二百萬美元，生產起氨基酸。

親朋好友看到彼特的作為，指責他做事太莽撞了，這樣不謹慎將會倒楣。他們說：「你不懂氨基酸，沒有開工廠的經驗，這不是種莊稼，你會賠光家產！」果真不久之後，他們的話應驗了，彼特再次失敗，整個農場就要垮掉了。

這次彼特會不會放棄企業的夢想，轉頭專心做農場去呢？說來可巧，一位商人忽然找上門，要求與彼特合作，幫助推銷產品。不過他提出了十分苛刻的條件：分彼特的一半利潤；而且如果產品銷售不出去，彼特也要付給他薪水。

一聽這種條件，很多人不禁搖頭：「騙子，肯定是個騙子！提出這種的條件，太可恥了！真是個明目張膽的騙子！」在眾人唾罵聲中，彼特又一次做出驚人之舉：他同意商人的條件，接受這項荒唐的合作。

這件事震驚了很多人，就連記者也聽說了，他們再次來到彼特的農場，並且報導了這件新聞。彼特的魯莽有目共睹，大家都在等著看他砸鍋賣鐵了。

可是這次彼特讓大家失望了。在商人協助下，彼特的產品迅速打開市場，行銷全美各地。

三年後，那位以莽撞見諸報端的彼特成了億萬富翁，美國最大的氨基酸生產商。

彼特成功了，可他做事依然讓人覺得不可靠。這次他轉行投資房地產，可他對房地產就像當年對生產牛奶一樣，一無所知。因此有人預測，這次彼特準會賠得只剩內褲。果然他做出了一個魯莽的決定：接手一項誰都認為無利可圖的老年公寓。結果他當年就賠了錢。

沒有想到，五年後趕上全美高齡浪潮的高峰，彼特的公寓一下子熱賣，價格陡增。彼特不僅賺了錢，還賺了名聲，成為最紅的房地產商人。

回顧成功歷程，彼特曾經這麼說：「別人幹什麼事都懂得訣竅而發財，我是因為什麼都不懂而成名。」彼特經歷一次次失敗，永不言棄、敢於冒險嘗試的精神，才是致勝的訣竅。

美國建築大師弗蘭克・勞艾德・賴特說：成功的代價是奉獻、艱苦的勞動以及對你想實現的目標堅持不懈的追求。

## 當家做自己・嘗試失敗的磨練

1. 彼特在不停嘗試中，終於實現突破。沒有嘗試，就不會有結果，嘗試了才知道可行不可行。

2. 嘗試，需要激情，需要膽量，更需要失敗的磨練。

## 職場一片天・勇於嘗試，需要激情

在財政部門工作了六年的馬庫莎莉失業後，幫助弟弟打理服飾店。一開始，她毫無激情，只是打發時間而已。幾個月後，她忽然找到了創業的激情，因為她熱愛時尚，同時也熱愛環保，她打算探索一條兩者兼具的道路。創業的激情激勵她，雖然她從沒這方面經驗，可很快找到裁縫，並開始設計生產。服裝上市了，這位冒險的女性為了打開銷路，把服裝擺到零售商的貨架、開通網購。她的嘗試有了回報，年內銷量可達十萬美元。

嘗試了才知道可行不可行，這是創業者最該接受的經驗。一個擔心失敗、害怕失敗的人，是不敢去嘗試，不敢去冒險，這會錯失很多機會。

### 1. 勇於嘗試，需要激情

心理學家發現，很多精明人、能人為了成就事業，花費大量時間去學習和掌握的，不過就是如何提高自己的膽量。他們默默訓練的東西，也是膽量。為什麼會這樣呢？因為這些人不想承擔失敗的惡果。不管是誰去做一件事，結局都有兩個：成功或失敗。如果過度地擔心失敗，害怕失敗，反而挫敗勇氣。相反，一些敢於嘗試的人，他們想到的只是如何把這件事做完做好，激情促使他們勇往直前。

## 2. 敢於嘗試，要抓住任何機會

誰都不想瞎折騰，也不想失敗，即便失敗了，繼續嘗試尋找機會，這才是真正贏家。鄉林集團董事長賴先生被人稱作「天生生意仔」，他以很少的資金，開創了草嶺風景區。談到自己的創業路，他認為不放棄任何一個機會，是他的生意祕笈。如何抓住機會？他自創了「抓老虎」哲學：假如一隻老虎從他身邊跑過，他來不及抓老虎的身體，也要抓住老虎尾巴上的一根毛，並且趁此機會，躍進老虎的背。

# 倒楣變傳奇，出奇能制勝

不管對誰來說，失敗都是一件倒楣的事，有些人卻能利用失敗的機會，出奇制勝，獲得進一步發展。

## 失業莫失意・販賣豆腐乳中毒事件的啟示

經營不善，薪水遲遲不發，曹約澤只好離開公司。他瞅準當地的豆腐乳生意，打算將這一小生意做出規模，推向更大市場。二〇〇四年春節前，曹約澤的豆腐乳上市了。這是個好時機，家家辦年貨，產品賣出去應該不成問題。曹先生滿懷信心，希望憑藉天時地利，讓自己的產品一銷成名。

可是，讓曹先生大傷腦筋的是，他沒有接到客戶雪片般的訂單，反而遭到像北風一樣無情的批評和指責的謾罵。顧客吃了他的豆腐乳後，不是上吐下瀉，就是腹痛難忍，他們中毒了。

春節之際，發生這樣的事，曹先生的日子可想而知，顧客們罵聲不絕，債主們紛紛進門討債，他的周圍充斥各種嘲笑、幸災樂禍的聲音。在一連串打擊下，曹先生度過難熬的春節。

怎麼辦？就這麼承認失敗？大勢所趨，似乎曹先生沒有扭轉失敗的可能了，親朋好友前來勸說，要他放棄豆腐乳生意。

在巨大壓力面前，曹先生反而靜下心來，他覺得既然出現問題，肯定有原因，於是他主動去研究生產的豆腐乳，很快發現問題的癥結所在，原來他用的豆腐太嫩，這種嫩豆腐發酵時會產生病菌。病菌進入人體，自然引起疾病。

研究過程，不但讓曹先生找出失敗原因，還讓他掌握豆腐乳生產的新技術。接下來，他研製豆腐乳發酵技術，並親自操作生產製作了一批獨具口味的豆腐乳。他將這批豆腐乳分毫不取地送給上次的受害顧客，請他們再次提供寶貴意見。

顧客品嘗了新豆腐乳後，誇讚有加。這一出奇制勝的招數，挽回了上次失敗的名聲，也為新豆腐乳下一步的推廣奠下基礎。一年後，曹先生的豆腐乳出奇地暢銷，如願的實現了他的夢想。

> **日本實業家加賀見俊夫說：相加除二的企劃，是最差的企劃。**

## 當家做自己・不要把失敗歸咎於能力

1. 失敗也是機會，利用得宜，會讓倒楣變幸運。曹先生若沒有失敗的經歷，就不會生產新的豆腐乳，也不能給顧客帶去驚喜。

2. 不要把失敗歸咎於能力，更不能歸咎於命運安排，要善於尋找客觀原因，才會找到出奇制勝的招數。

## 職場一片天・出奇制勝，應該果斷行動

一味地抱怨，或者質疑自己的能力、命運，都不是正確對待失敗的作法。如果創業遇到挫折，首先應該分析客觀原因，曹先生認為豆腐太嫩了，而不是自己不懂豆腐乳生產技術，這一客觀的認知決定他能夠想到應變對策，改變豆腐乳生產技藝，並且東山再起。要是他自怨自艾，埋怨自己太冒險才導致失敗，那麼他將會失去信心，會被失敗徹底打倒，永無出頭之日。如何面對失敗呢？不妨這樣做：

### 1. 從失敗的客觀原因出發

從失敗的客觀原因出發，必會發現方法不當、技術不過關、銷售群體不對等問題，這時

針對問題，反戈一擊，必定產生出奇制勝的效果。

伍爾沃斯創業時，借了三百元開創第一個五分店，全部商品都是五分錢一件。生意熱絡，他為了多賺些錢，很快地又開了四家分店，結果三家關門。從這次教訓中，他總結認為自己規模擴張太快，於是採取穩紮穩打策略，十年中只開了十二家分店。後來成為世界上最大的小商品零售商。

### 2. 出奇制勝的領域

出奇制勝可以運用到各個領域，比如選擇專案、管理、人才、市場，都是策略。有一家房產公司銷量不佳，經過研究後，認為市場定位不夠明確，於是採取精確定位的作法，細分市場，結果出奇制勝，成為當年度銷量最好的公司。

### 3. 出奇制勝，應該果斷行動，該出手時就出手

既然想出奇制勝，時機非常重要，很多時候你想到某個點子，他人也可能想到這個方法，誰提前行動，誰就能得到最大回報。常常聽到有人抱怨：「哎呀，我也想，可是……」「昨天不是，今天怎麼……」晚了一步，再好的點子就不再新鮮，被out了。

有一年春節，廣州爆發流行性肺炎，股票投資者聽說板藍根和陳醋供不應求。立即搶先行動購買白雲山製藥和恒順醋業的股票。第二天當這些人拋出股票時，價格上漲10％。其他人看到賺錢這麼容易，也開始考慮購買，可是股價已經在眾人熱烈的目光下，迅速滑落。

# 突破現狀，不要老是跟在原創者後面

為了走出失敗，為了創業的道路更舒暢，必須提醒因失業而創業的人，不要受原創者影響，應該努力走出自己的道路。不管是模擬還是創新，你就是你，應該有與眾不同之處，運用好這一點，就可以突破現狀。

## 失業莫失意・小鎮販賣滑板成功的啟示

傑瑞是一位滑板愛好者，也是鎮子上最早癡迷這一運動的年輕人，中學畢業後，他在飲料公司做行銷，仍未忘情滑板運動。他所在的地方是個小鎮，缺乏各種滑板材料，當他的滑板壞掉時，不得不到大城市維修，或者購買新滑板。

一來二去，傑瑞發現跟他一樣喜歡滑板的小孩越來越多，這些孩子年齡大都比他小，是滑板運動的新新人類。這些孩子非常喜歡傑瑞，常常詢問他有關滑板的知識，比如怎麼維修？到哪裡購買配件？大家逐漸熟絡起來。有人對他說：「你開家滑板店吧，這樣以後就方便多了。」

傑瑞本來打算辭退工作做滑板生意，家裡人不同意，父母親反對說：「我們不會支持你的，還是安心做好工作吧！」

家人反對，反而激發傑瑞的創業心，他一不做二不休，辭掉工作，從同學朋友那裡借了一萬美元，在一家商貿城開起滑板店。有人說：興趣是最好的夥伴，如今傑瑞把興趣變成了事業，應該如魚得水，做得有聲有色？

事實並沒這麼簡單。傑瑞投資開店後才發現，做生意不是玩滑板，不少人看到他年紀小，缺乏經驗，不免懷疑他的能力；而信任他的人大都是年輕人，但他們沒有經濟能力，需要大人支援。特別是有些孩子，沒有錢但想玩滑板，經常纏著傑瑞掏腰包為他們修理滑板。

兩個月過去了，傑瑞心力交瘁，他開始懷疑自己有沒有經商的能力，有沒有做下去的信心，有時候他真想關門大吉，再也不用苦撐下去。

就在傑瑞灰心喪氣時，那些與他志同道合的滑板兄弟為他出了一招：把滑板店辦成俱樂部。開設專門的滑板區，讓顧客試用滑板性能，並進行簡單的滑板表演，吸引更多顧客。可以嗎？傑瑞有些遲疑，他的滑板店是加盟店，總部有統一的行銷模式，從沒聽說哪家店可以辦滑板俱樂部。再說，在這樣的小鎮上，文化相對閉塞，大家會接受嗎？

權衡再三，傑瑞不想眼睜睜看著滑板店關閉，大膽接受夥伴的建議，一方面設立滑板區，定時進行滑板表演；一方面在店裡放置各種滑板海報、雜誌、短片，向顧客宣揚滑板文化。

到了寒暑假，開設免費滑板訓練課程，讓孩子們走進俱樂部。

經過一番改造，傑瑞的滑板事業走出低潮，漸漸帶動了滑板文化在當地的發展。

蘇格蘭經濟學家雷・卡洛克說：尚未成熟才有成長的空間，一旦成熟，接下來只會走向衰退。

## 當家做自己・善於分析自己的情況，走出特色

1. 大膽走自己的模式，傑瑞的滑板店終於起死回生。
2. 不要老是跟在原創者背後，要善於分析自己的情況，走出特色。

## 職場一片天・照本宣科將會誤入歧途

跟多數商人不同，林陳海從不大手筆做廣告，從不製造話題行銷，也不高價搶標土地，不蓋豪宅，可是他卻能夠登上十大建商之首，成為不折不扣的地產王，因為他堅持低調特色，不跟進，不與原創者爭天下。

跟進是很多商人行銷的策略，看別人賣雨傘，自己也賣，看別人促銷，自己也趕緊降價。

陳小姐本是一名會計，失業後看到不少朋友經營網路商店，自己也跑到批發市場買了耳環、項鏈等飾品，認真地拍照、註冊網名，開張營業。可是過了半年，她的網路商店什麼也沒賣出，幾乎無人光顧。由於投入的本錢不多，陳小姐也沒當回事，把各種貨物送給親戚朋友，這次創業就這樣夭折了。

像陳小姐這樣的創業者大有人在。這些人跟在原創者後面，聽從原創者解說，認為只要照做就能掙錢。然而市場不是書本，創業者不是小學生，照本宣科將會誤入歧途。同樣做網路商店，另一位較成功的小老闆說：「我的客戶大都是我原來的朋友，銷售市場沒有擴大都少。」他有了客戶群，然後去做網路市場，當然與沒有任何經商經驗的陳小姐不能同日而語。

所以從自身情況出發，做出特色，是很多創業者成功的經驗。如今是個性化盛行的時代，人人都在追求特性，不能提供獨特產品、服務，就要設法改變行銷策略，盡可能走一條特色的路。

Chapter8

## 台南棺材板啟示錄

# 只有想不到的，沒有做不到的

由土司或者豆腐做主要原料，酥炸挖空，中間放入美乃滋、雞肉、青豆仁、蝦仁等材料，外酥裡軟，咬一口餘香嬝繞不絕，這道美味小吃源自台南，是台灣著名餐點。您知道這道小吃的名稱嗎？說出來令人吃驚—棺材板，因為形狀酷似棺材，故而得名。

使人驚覺不已的是，棺材板居然榮登台灣著名小吃行列。從這道小吃的製作原理，可以體會到，在創業路上，同樣有許多令人「只有想不到，沒有做不到」的情況發生。

# 愛心，是物美價廉的催化劑

不斷辛勤奔波在創業路上，一心渴望發大財賺大錢，想盡辦法，挖空心思去做，卻忽視創業中另一種可貴的東西—愛心。愛心無價，一樣能成就偉大事業。因為「愛能燃燒意志，驅動力量」。

## 失業莫失意・幫助失業者自主創業啟示

敏敏出生湖南，一九九一年卸下公司職務後，用房子抵押十萬元人民幣的貸款，創辦當地第一家超市。由於經營有方，生意越做越旺。直到一九九九年底，她和丈夫遭遇車禍，老公當場喪命，她也撞成重傷，超市生意一時乏人管理。

儘管經過治療，敏敏逐漸恢復健康，可從此她一個人既要打理事業，還要照顧年邁的公婆和兒子，備受艱難折磨。勇敢的她承受住壓力，咬緊牙關渡過艱難時期，不僅如此，車禍事故讓她得到啟發：人的生命非常脆弱，應該用愛心愛護每個生命。

有了這樣的想法，敏敏改變經營思路，她不再只看超市經營利潤，而是拿出錢來投資創辦了電瓷公司，為失業者解決就業問題。不到三年時間，公司先後接收了三百多名失業者工作，產品遠銷美、俄等國。

除了投資創辦企業，敏敏還大力幫助失業者自主創業，先後出資一百多萬人民幣，幫助過五十多個人在失業中重拾信心。在她的資助下，不少失業者成功就業，做出成績。敏敏還關心老人和兒童，經常組織、辦慈善、助學活動。

有人不解的問：「妳何苦做這些事，費力又費錢！」

敏敏說：「幫助別人，是人生最大的樂趣。只有『我愛人人』，才會『人人愛我』。」

事實證明，敏敏用愛心關懷他人，也換得他人的愛。連續多年，她的公司和產品不斷獲得消費者喜愛，並被評比為值得信賴的單位、優質服務模範等獎勵。她本人，則先後成為希望工程募捐先進、全國再就業之星的獎項等。

愛心成就了敏敏，昇華她的創業之路和人生。

佚名：當你在作交易時，首先考慮的不應該是賺取金錢，而是要獲得人心。

## 當家做自己・把愛心當經營幌子，必遭唾棄

1. 發自內心地去愛人，而不是為了回報，一定會獲得他人愛戴。敏敏從自身遭遇，感受到關愛的重要性，這種愛的力量驅使她做了很多事，也幫了不少人。

2. 愛心無價，如果把愛心當經營幌子，必遭唾棄。

## 職場一片天・愛心是永恆的，不可隨意支配

小彤畢業後一直找不到合適的工作，乾脆開辦了一家服飾專賣店。由於位置偏遠，生意異常冷清。她是一個有愛心和事業心的人，很想尋找機會把生意做好。這時地方上有個名叫「恒愛活動」如火如荼開展起來，小彤欣賞這一活動主題，她執意參與其中，帶領五十套兒童服裝來到育幼院，贈送給當地孤兒。在與孩子們的交流中，小彤發現這些孩童不僅缺少物質幫助，更缺少精神關愛，他們的生活單調，很少與外界接觸。小彤表示以後每週都會抽空前來陪同孩子們玩，而且還在專賣店的櫥窗前佈置了一個愛心小櫥，展示孩子們生活的點滴，以引起更多人關愛這些孩子。愛心小櫥果然吸引很多人觀看或者進店參觀諮詢，不久，前往育幼院做志工的人越來越多。小小的愛心櫥窗打開了一扇窗戶，連續起一片愛心，孩子

們的笑容多了，生活也快樂起來。這件事引起媒體注意，在報刊電視上做了專題報導，小彤成為新聞人物，她的店鋪影響力也隨之上升，銷售量增長兩倍。

在現實生活中，奉獻愛心，值得讚揚，不過也要掌握一定的規律：

首先，做一位有愛心的人，才會發現愛，才會知道愛的力量和偉大。愛心是永恆的，不可隨意支配。如果缺乏愛心，不知愛人，即便想透過愛心行動展示自己，也是虛偽的，無法打動人心。

其次，做為有愛心的人，必須不計回報。愛心需要發自內心，應該有實質性內容。如果貪圖回報，沽名釣譽，必定引起公眾反感，失去價值。

再來，展現愛心，要有一定形式，透過一定管道，比如慈善、助學、環保等，從這些活動中，強調愛心的意義，與社會道德融洽，而不是突顯個人，甚至違背常理，為社會公眾辱罵。

最後，愛心活動應該與品牌、商品巧妙結合，讓消費者產生深刻記憶。

# 社交能力，為你帶來源源不斷的人脈資源

常常聽到有些創業的朋友這樣說：「哎，我的人脈資源有限，生意很難做大啊！」「你瞧人家，人脈資源那麼豐富，還能不成功嗎？」人脈資源是近幾年流行的詞語，大意是指人際關係，關係網路廣，自然朋友多，好辦事。美國有句話說：「一個人能否成功，不在於你知道什麼？（what you know？）而是在於你認識誰？（whom you know？）」

資訊社會，人脈成為經濟發展的祕密武器，一個人光有知識、財富，但缺乏人脈，競爭力會大大削弱。斯坦福研究中心調查指出：一個人賺的錢，12.5%來自知識，87.5%來自關係。既然人脈如此重要，當然每個人都想擁有更多這方面資源，拓展自己的生意和事業。

人脈既然如此重要，那該如何管理人脈、儲蓄人脈，並讓它們不斷增值？

## 失業莫失意・卡內基用人的智慧啟示

一九二一年，美國鋼鐵大王卡內基以一百萬美元的年薪聘請了一位叫夏布的先生出任CEO。年薪一百萬美元打破當時的世界記錄，引起轟動，無數記者向卡內基進行採訪，希望

知道他花費如此巨款聘用總裁的背後真相。到底是夏布先生專業知識凸出，還是他具有非凡的領導才能？

出乎所有人意料之外，卡內基只回答了一句話：「他很會讚美別人，這是他最值錢的本事。」

憑藉讚美別人，竟然可以獲得年薪一百萬美元的職位，這真是令人稱羨。更令人驚奇的是，卡內基去世後，他為自己寫的墓誌銘是：「這裡躺著一個人，他懂得如何讓比他聰明的人更開心。」

從這兩件事中，看出卡內基多麼重視人脈經營，他懂得讚美會帶來源源不斷的人脈資源。

美國企業家李•亞柯卡說：激勵別人的唯一可能性就是交流。

## 當家做自己•懂得讚美人，是經營人際關係的大本事

1. 誰都喜歡被人讚美，所以懂得讚美人，是經營人際關係的大本事。
2. 拓展人脈，可以多參加社團活動，利用網路，學會創造機會。

## 職場一片天・依據社團力量拓展人脈

人脈經營是生意場的大事。楊耀宇先生在台灣證券投資界是擅長人脈經營的大人物。他從一名台南北上的打工仔，發展成為億萬富翁，訣竅正如他自己所說：「有時候，一通電話抵得上十份研究報告。我的人脈網路遍及各個領域。」

要想擁有廣博的人脈資源，首先需要用心去尋覓。貴人就在身邊，下面介紹幾種拓展人脈的方法：

### 1. 透過熟人介紹

美國人力資源管理協會與《華爾街日報》共同進行一項調查，顯示95％的人力資源主管或求職者，都是透過人脈關係找到合適的人才或工作。熟人介紹，是認識他人、尋覓機會的有效方法。列出熟人名單，再根據他們所在領域，去尋找希望認識的人脈目標。

### 2. 多參與社團活動，依據社團力量拓展人脈

如果一個人太過主動接觸陌生人，容易引起對方反感，可是如果你是某社團的一份子，透過社團活動接觸陌生人，與對方互動，會變得自然許多。這種情況下發展起來的關係有助於建立情感和信任。

在社團中，可以順勢謀求職位，比如會長、理事長、理事等，這樣就有為他人服務的機會，

自然容易與他人交流，增進彼此了解，人脈之路也會跟著擴展開。

### 3. 利用網路，帶來意想不到的人脈資源

網路十分普遍，聊天、社區、臉書，多種形式都能讓人接觸認識到陌生人。有一位銷售經理喜歡在臉書上寫文章，記錄自己拼鬥的體會、經驗、甘苦，一次，他發現自己的文章得到一位網友的好評，並發表深刻的見解，他遂與此網友互動，建立「文緣」。一來二去兩人的關係逐漸熟悉，兩人很自然地見面相識，這才知道對方是企業老闆。由於兩人有了交流基礎，相處融洽。後來這位銷售經理辭職自己創辦企業，對方為他提供業務幫助，還介紹他認識了二十多位業界朋友。

### 4. 大數法則

所謂大數法則，是指觀察的數量越大，預期損失率結果越穩定。這是保險精算中確定費率的原則，可以用在人脈管理上，即認識的人越多，預期成為朋友的比例就越穩定。法國億而富機油前總裁，就十分尊崇這一原則，他每年與一千個人交換名片，並與其中二百人保持聯絡，與其中五十人成為朋友。所以廣泛收集人脈資訊，不斷地去認識他們，廣結人緣，一定會有更廣泛的人脈來源。

### 5. 學會自己創造機會

比如參加婚宴，可以提前到場，借機認識更多陌生人；參加活動，多與人交換名片、聊天；外出旅遊，主動與人溝通等。

當然，拓展人脈還有多種方法，不管哪一種，雖然不一定能發展出友誼或信任的火花，起碼知道，人脈關係取決於個人的表現，對個人的事業或人生都饒富助益。

## 積極學習，給自己注入動力

當老闆的人，還需不需要學習呢？如果經常觀察身邊的老闆們，會看到兩種截然不同的表現：一種人從早到晚忙著買賣貨物，付出很多，可是生意卻難以發展起來，始終徘徊在起步階段；另一種人非常能幹，可他更注意積極學習，不管是專業知識還是先進理念，都樂於接受鑽研，並嘗試改進做生意的方法，結果易於取得更進一步的發展。

### 失業莫失意‧本田汽機車成敗興衰的啟示

本田（HONDA）汽、機車創人本田宗一郎年輕時一心研製汽車活塞環技術，為了早日成功，他變賣家裡所有東西，從早到晚忙碌。後來實在沒有值錢的東西可變賣了，他就把妻子的首飾換成金錢購買材料。

夜以繼日地工作幾個月後，他製出樣品，興高采烈地趕到豐田公司，打算把專利賣給他們。可是豐田公司的技術人員看了一眼樣品說：「與同類產品相比，沒什麼明顯優勢。沒有購買的必要。」他們拒絕了本田宗一郎的樣品。

遭到拒絕後，本田宗一郎並沒有放棄夢想，他重新回到學校去學習更多的知識和技術，並且在學習空檔繼續研製活塞環。這樣的事情讓老師和同學大感好笑：「你要設計更先進的活塞環？這真是異想天開，豐田公司那麼多科技人員，難道還不如你？」

本田先生不把他們的嘲笑放在心上，加緊學習和研製工作。兩年後，他設計的活塞環終於得到豐田公司認可，可是他卻不肯賣了，他要建立工廠，創建自己的品牌。

當時正是二次世界大戰期間，物資吃緊，建廠房連水泥都買不到。本田宗一郎沒有退縮，他帶領同伴自發研製水泥製造法，利用自己生產的水泥建起工廠。可是戰火無情，美軍飛機轟炸了他的工廠和設備，為了維修設備，他們需要大量鋼材。鋼材是重要的戰略物資，根本無處可買，這難不倒本田，他號召員工到處撿拾美軍飛機丟棄的汽油桶，拿它們當維修材料。

儘管本田先生克服了一個接一個困難，更大的打擊還是來了，一場地震把他的工廠夷為平地。至此，本田先生別無他法，只好把活塞環技術賣給豐田公司。

創業之路就這樣夭折嗎？這可不是本田先生的處事之道，他雄心未滅，無時無刻不想著如何東山再起。二次世界大戰終於結束，由於汽油短缺，好多人只好重新騎上腳踏車。本田先生極愛動腦筋，鑽研各種技術，他嘗試把馬達安裝到腳踏車上，這種組合產品結合了汽車與腳踏車的優點，速度非常快，一經試用後，很受顧客歡迎。這就是全新的交通工具—摩托車。

大批顧客來到本田先生門前，拿著現金等待提貨。本田先生見到這種情況，決定建立一家摩托車生產廠，滿足顧客的需求。然而開工廠需要資金，哪來那麼多錢？困難依然難不倒本田先生，他經過苦思冥想，向全日本的每家腳踏車店寫信，勸說他們投資創辦摩托車廠。結果五千多家腳踏車店被說服了，他們湊齊了資金。

摩托車廠建立了，本田先生有了新的工廠、新的技術，成為老闆，可他仍然積極學習鑽研，親自改進摩托車技術。在他努力下，摩托車成為一種時尚的普遍交通工具，技術水準不斷提高，為全球各地人們所喜愛。

美國企業家S.M.沃爾森說：一個成功的決策，等於90%的資訊加上10%的直覺。

## 當家做自己・願不願學習，是現代人積不積極生存的能力之一

1. 積極學習和鑽研，讓本田先生從無到有，不但發明專利、設廠，還創造讓世人矚目的摩托車。
2. 會不會學習，願不願學習，是現代人積不積極生存的能力之一。

3. 學習知識，除了書本，還有來自實踐中的所得。本田先生重返學校學習技術，在生產中鑽研技術，都是積極學習的表現。

## 職場一片天・學習是一種本事，一種技巧

進入商場，當了老闆，很多人不免心滿意足，覺得無需學習任何東西了，只要把手裡的貨物賣出去就對了。俗話說，活到老學到老，學習是一種能力，一種技巧，會不斷帶來力量，讓生意做好。因此，積極學習，是生意路上不可少的部分。

有一位老闆，公司員工不過二三十人，其中大多數人沒有高學歷，可他卻積極參加高級經理培訓班學習。有人知道這件事，跟他開玩笑說：「學什麼，還不如把學費發給員工當獎金更實在呢！」老闆聽了感慨地說：「我做企業十幾年了，公司一直發展不起來。如今我的客戶很多都是高級知識份子，管理規範新穎，如果我再不學習，再不追趕差距，不但做不起來，恐怕就要做不下去了。」為了突破現狀，為了給企業和自己注入動力，他選擇主動學習，這比起將來失敗了靠教訓總結經驗，更要合算、更有前瞻性。

主動學習，首先要養成習慣，要把學習當成迫切需要的事，當成做生意的一部分。其次應該對學習有如饑似渴的需要，隨時隨地學習專業新知，還要經常自覺評價學習效果。

職場學習的內容無所不包，既有專業知識、企業管理，也有人才培訓、文化修養，以及創新理念、社交政治等。學習這些新知，不能只憑藉書本。研析發現，很多人之所以無法致富、不能成功，就是太依賴書本知識。為了獲取知識，不停地攻讀學位，大學畢業了，繼續讀碩士、博士，認為有了淵博的知識，便可以輕鬆掌控財富。其實，書本知識是一個相對僵化的系統，與快速變化、商機無限的生意場比起來，它往往無能為力。

知識再淵博，也不可能面面俱到分析生意中的每個細節。比如本田先生發明摩托車，這是書本中沒有的，如果照著書本去做，永遠也不可能實現。那麼是不是讀書無用呢？當然不是，學習是一種能力，會學習更是一種本事，本田先生從書本中掌握了知識和技術，更學到改進技術、努力探索的精神。這才是學習的要義。

會學習，主要表現在實踐中主動學習，在問題和困難之前主動學習。比如新產品上市，銷售不佳，這時就要向顧客學習，學習產品的知識：哪裡不足？哪裡需要改進？怎樣改進更合乎消費者的意願？

# 一萬小時準則

在漫長的創業路上，許多人日復一日地勞動付出，可是看不到光明願景，無法預料未來前景，不免產生遲疑、徬徨和猶豫：「會不會成功？要不要堅持？這樣下去生意會做大嗎？我是做生意的料嗎？」

不用說，從失業跨入創業的每一位人士，都有著夢想和追求，即便不想成為大富翁，也想實現某種願望，這一點能做到嗎？

## 失業莫失意・格拉德威爾「天才說」的啟示

馬爾科姆・格拉德威爾是《紐約客》雜誌的正式撰稿人，出版了一本名為《超凡者》的自傳書，這本書因為改變了許多舊觀點而暢銷美國。在書中，他認為天才並非唯一或最重要的東西，真正有用的是實踐經驗。

為了證明自己的觀點，格拉德威爾舉了幾位著名人士為例。第一位是世界首富比爾・蓋茨，人人都認為他是電腦方面的天才，可是格拉德威爾語破天驚地指出：比爾・蓋茨之所以成功，主要原因在於他幸運地上了一所學校，這個學校給了他練習做電腦程式設計的機會。不是嗎？比爾 • 蓋茨少年時代就讀的湖濱中學很早開設了電腦課程，為學生提供了一台終端機，就是這台終端機，迷住了比爾 • 蓋茨，讓他達到廢寢忘食的地步，在十三歲時就編寫出第一個電腦程式，玩月球軟著陸遊戲。也就是從那時起，比爾 • 蓋茨再也沒有離開過電腦，將全部心思用在電腦上面。當他在電腦程式設計花費了一萬個小時後，他離開哈佛大學，創辦了自己的公司。

第二個例子是「披頭四」，這群歌星難道果真是因為天分凸出而風靡樂壇嗎？格拉德威爾認為並非如此，他說當年偶然的機會，披頭四被邀請去德國漢堡表演，他們在那裡每晚演出五小時，每週七天不間斷，這次長時間的艱苦演出就是最好的實踐，讓他們最終大放異彩。

格拉德威爾為了證明自己的觀點，還舉了一個反例。密蘇里州有位叫蘭甘的人，他生活在鄉村牧馬場，據說測試智商極高，高達一九五。要知道偉大的科學家愛因斯坦的智商也不過一五〇。蘭甘具有這麼高的智商，為什麼沒有取得任何輝煌成就，而是終生默默無聞地生活在鄉村呢？格拉德威爾認為他缺少外界因素的幫助，沒有經過系統的、長時間的實踐鍛鍊，也就無從發揮天資。

最後，格拉德威爾將成功歸於一點：一萬小時準則，他認為任何領域的成功關鍵，與天才無關，要的只是實踐，實踐達到了一萬小時，即十年七天又二小時，經過這麼漫長的磨練，才有成功的可能。

日本富士通公司董事長山本卓真說：想要具備突破力，必須在專精的領域深入紮根才行。

## 當家做自己・實踐，是所有成功的基礎

1. 一萬小時的實踐，是所有成功的基礎。比爾・蓋茨如果不是從十一、二歲接觸電腦，有了十年電腦程式設計經驗，就不會成為今天的世界首富。
2. 成功不是個人天才的結果，需要外界因素的綜合作用，當外界因素提供條件，給予一萬小時實踐機會時，你就有可能成功。
3. 一萬小時是個漫長的過程，個人的堅持、外界的幫助，都是必要的。

## 職場一片天・天才人物也是靠單槍匹馬取得成功的

一九九三年，許先生開始做期貨投資，結果並沒有賺到什麼錢，十年後，他最初投資的

五萬美元變成了四點五萬美元，不賺反賠。許先生如何看待這十年時光呢？他說這十年等於學習了十年期貨專業，讓他悟出做期貨應有的良好心態：不要總是想著實現最高收益，而是考慮每筆交易可能實現的最大虧損，有了這種從容的心態，才能克服貪婪和恐懼。有了十年持續不斷的實踐經驗，許先生的期貨生意開始賺錢了，直到二〇〇八年，五年時間資產達到一千三百萬美元。

許先生的故事很典型地驗證了一萬小時準則，沒有前十年鋪墊，不會有後五年的成功。如今是一個飛速發展的時代，人人追求高速度，希望一朝致富，快速脫貧。所以很多人開始崇拜天才，迷信天才說，流傳「靠個人的天才成功的男子」的神話，他們認為比爾•蓋茨是電腦天才、傑克遜是音樂天才、王永慶是生意天才……。

成功人士的身上固然有著某些超乎常人的因素，但不得不回歸原點，看清楚成功背後的真正原因，才能明白在創業路上應該如何去做。

首先，成功是不斷實踐的結果，這實踐過程非常漫長。格拉德威爾舉了很多例子，說明實踐需要一萬小時。他的發現與古訓同理：天道酬勤。只有多做，才有可能得到老天眷顧。

其次，不是每個人都可能獲得實踐的機會，比如蘭甘，儘管智商超乎常人，沒有外界因素的綜合作用，也只能在牧馬場默默工作一輩子。格拉德威爾在他的書中說：「沒有一個人，不管是搖滾明星、職業運動員、電腦軟體億萬富翁，甚至天才人物，也是靠單槍匹馬取得成功的。」來自家庭、朋友、文化、地理，以及歷史、環境，各個層面的因素綜合起來，如果達到一個利於天分發揮的點，就能獲得機會。那麼要如何讓這些因素利於自己創業呢？

### 1. 不要短視，短視的生意會短命

不少創業者進入生意場，看到什麼做什麼，朝三暮四，顧不得其他，缺乏長遠的戰略規劃和目標，這樣下去，今日賺小錢，明天可能賠大錢，企業註定短命。以這種心態去做事、去實踐，結果自然無法長期堅持下去，也達不到一萬小時的目的。

### 2. 應該按照計劃做好每天的工作，提高工作熱情

不斷實踐的基本信念，就是做好每天的工作，從工作中總結經驗和教訓。每天做好工作，可以帶動積極性，使工作進展順利，還給人奮發向上的印象，利於團結員工，獲取他人支持。一個做事邋遢，三天打漁兩天曬網的人，怎麼可能做好實踐工作。

### 3. 兼顧家庭、朋友，懂得利用外部資源

創業需要激情，甚至是瘋狂的投入，可一個人再聰明，再有力量，也是有限的。創業是一個漫長付出的過程，在這個過程中，如果單打獨鬥，易於精疲力竭，收穫甚微。如果能夠團結親人朋友，得到支持，讓他們不斷提供有利的環境，創業道路會順暢許多。

## 經營就是爬坡，在累積中壯大

把創業看做漫長的過程，那麼，經營便有了方向，就是在不斷爬坡，不斷累積，從而一步步登上更高的台階，更高的山嶺，讓生意做大，做久。

### 失業莫失意 • 贏取左撇子用品市場的啟示

阿芳畢業後，先後多次聯繫工作，卻始終找不到合適的職位。她是個性頑強的女孩子，不想繼續花用家裡的錢，最後在一家外貿公司擔任清潔工。這份工作收入微薄，而且她在公司裡幾乎沒有任何地位。

有一天，阿芳清掃辦公室時，偶然聽到兩位都是左撇子的女設計師在互相抱怨一件事。其中一人說：「你看，別人操作自如的滑鼠，到了我手裡就不聽使喚了，很費勁。」另一人說：「誰說不是呢，本來可以輕鬆地點擊滑鼠，搜尋檔案，我們用起來，要麻煩多了。這設計電腦的人，怎麼不為我們左撇子考慮考慮？」第一個女子說：「為我們考慮？八月十三日是『國際左撇子日』，妳知道嗎？我逛了大半個城市，別說左撇子用的滑鼠，其他任何一件專門為我們設計的商品都沒有買到。」

言者無意，聽者有心，一旁默不作聲清掃的阿芳，被這兩位左撇子女士的苦惱吸引了，她眼前亮起來：「左撇子商品存在空檔，我何不鑽研這個市場呢？」回去後，她立即開始從網路上查找資料，這一查不得了，她肯定自己的想法。原來在西方發達國家，已經有人注意到這一區域的市場價值，倫敦就有一家左手商品專賣店，這家店開了二十多年，銷售包括廚具、園藝用具、文體用具、樂器等在內的多種商品，比如剪刀、球桿、螺絲刀、提琴等，不僅如此，日本、澳大利亞等國家也有專營左手商品的店鋪。這些店鋪的銷售業績非常好，因為左撇子約占總人口數的90%，比例很高。阿芳按照這個比例一算，中國至少有八千萬左撇子，可是還沒有一家專營左撇子用品的商店，如果自己開設一家為這些人服務的商店，銷售肯定火爆。

阿芳激動萬分，她辭掉清潔工工作，一心撲在左撇子生意上。她說服父母和朋友，籌集到創業資金，然後租店面、聯繫客戶，準備放手一搏。可是第一個難題很快出現了：到哪裡進貨？全國都沒有專營店，自己一個失業者，能聯繫到什麼關係？功夫不負有心人，經過多方查詢，竟然發現了幾家生產左手用品的廠家。這些廠家是專門為國外客戶生產，聽說了阿芳的事情，紛紛搖頭拒絕：「我們的產品是出口的，不搞內銷。」這是表面原因，其實他們還有私心，因為阿芳剛剛起步，進貨量很少，他們對這樣的小客戶根本不感興趣。

阿芳並沒有就此退步，她看準了的事情就要堅持到底，多次到這些廠家去拜訪，懇求老闆給她一次機會。老闆們最終被她的誠心打動，答應想辦法提供她一些產品。不久，阿芳從廠家進到了一批滑鼠、球桿、剪刀等左手商品，從此她的左手生意開張了。

這些左撇子專用商品一上市，立即引起人們的好奇，每天前來商店看熱鬧的、選產品的絡繹不絕。由於這批產品屬於「特種商品」，製作的品質都特別好，價格也較高，比如一把剪刀就要上百元，而左撇子專用的美容剪刀更是高達上千元。然而它們是左撇子必需用品，價格再高也會有人購買，所以利潤空間大。

阿芳的左撇子商店有了累積，她卻發現新的問題：商品不夠全面。一天，有位顧客急匆匆跑進店，進門就要一把左撇子用的手電鑽。阿芳清楚自己的商品品種，不好意思地說：「對不起，我們沒有這種貨。」說完，她好奇地問客人：「難道左撇子使用一般手電鑽也不方便嗎？」客人沮喪地回答：「太不方便了，而且還很危險。像我這種搞裝修的，離開手電鑽便無法幹活，可是用一般手電鑽，把握不好分寸，容易危及安全。」

這件事讓阿芳想了很多，她覺得自己的商品種類太少了，不能解決所有左撇子人士的苦惱。既然開了店，做起這行，就要設身處地為顧客著想，這是阿芳的生意觀。她開始聯繫更多廠商，希望尋找到更多左撇子用品。在這個過程中，她說服了三家五金生產廠家和一家樂器廠家，他們也投入左手商品的生產行列，生產更多、更先進的左手產品，比如左手吉他。

有了這些廠家做後盾，產品豐富了，阿芳的生意越來越帶勁。

兩年後，阿芳的生意有了足夠名聲和規模，這時她考慮到店面狹小，便又找了一處更繁華的門面，成立分店。

這時，阿芳開始在網路上推介商品，成立了網路左撇子俱樂部，開闢電話訂貨業務。隨著生意一步一步發展，她不僅為左撇子人士服務，還發現訓練左手可以開發大腦思維，於是她把商品介紹給非左撇子人士，教給他們使用左手商品，達到活化右腦的方法。業務推出，把左撇子必備商品的潛在消費群體大大擴增。

由於阿芳的出色經營，現在的她不再為訂不到貨發愁，相反，就連韓國、香港等地生產左撇子用品的大公司，都前來與她聯繫，邀請她代理他們的產品。

> 德國銀行董事長阿爾弗雷德・荷爾豪森說：大多數的錯誤是企業在狀況好的時候犯下的，而不是在經營不善的時候。

## 當家做自己・貪大貪快，是經營的大忌

1. 從無到有，從小到大，阿芳的成功重現經營中不斷累積、不斷發展的過程。

2. 在經營中，累積經驗、客戶、技術，都會為日後壯大打下基礎。
3. 貪大貪快，是經營的大忌。

## 職場一片天・做生意，就是爬坡過程

創業後，成長是必經過程，過分追求速度規模，都是揠苗助長的行為，會毀了企業和生意。派克公司以高級筆著稱，可是公司在發展中不累積自己的品牌優勢，不在品質上下功夫，反而把精力放在轉頭資、進攻低價筆市場上。結果派克的形象受損。此時，克羅斯公司趁虛而入，進軍高級筆市場。不用多長時間，派克公司不僅占據低檔筆市場，反而把高級筆市場丟失一大半。

說起創業、經營，人才、創新和風險投資都很重要，但是真正的發展是累積。沒有累積，就像過冬缺乏糧食，企業經不起風吹草動，很容易癱瘓甚至瓦解。

在經營中，既需要累積技術、人才，尚包括資產、品牌、文化等。美國勝家縫紉機家喻戶曉，占據世界市場份額的三分之二，可是一九八六年，這家公司被迫宣佈停產，因為上百年來他們沒有累積技術，重複過去的模式，早與市場脫軌。

透過不斷累積將生意一步步發展起來的公司很多，比如惠普公司，經歷第二次世界大戰、經濟危機、行業衰退等大事件，在無數同行、或者同時代的企業接二連三倒閉、轉行、退縮、停產時，他們卻渡過一次次危機，並且在危機中發展壯大起來，創造各種輝煌業績。

惠普的成功，就在於注重累積，他們強調：「做對自己有優勢的業務、以客戶需求為導向、一流的執行力。」他們堅持為客戶做自己可以做好的事情，穩紮穩打，不管在怎樣惡劣的環境下，都從管理上控制成本；執行上嚴格流程，發揮每個員工的優勢，保證體系中不出現大錯誤，從而順暢地發展下去。

做生意，就是這樣的一個爬坡過程，累積的過程。這個過程中，企業應該紮根於自己的價值觀上，把經營當做一次馬拉松比賽，不要看誰眼下跑得快，而要看誰能在關鍵時刻衝刺到前面。只有這樣，才能在企業效益顯著時，不會盲目擴大，不會陷入自我膨脹中，而是懂得妥善處理預算，預測市場，降低成本，減少浪費，並能做好人員培訓，協調好各種關係。只有這樣，才能在企業遇到困難、市場蕭條時，依然有能力和信心做好管理、儲備好能量，為日後突破做好準備。

市場是個盛宴，飯菜可以免費，可誰也不能一口吃成胖子。肚子是你自己的，如何吃飽吃好，自己要做到心中有數。

## 做好今天，而不是做大明天

伴隨著失業者一路走來，我們了解到創業的種種問題，以及做生意的諸多方法和竅門。失業的朋友也許已有了信心和勇氣，也或許已將生意做得有聲有色，開始規劃美好的未來。明天是美好的，生意會走向輝煌，不過還是提醒一句話：「創業路上，要做好的是今天，而不是去幻想著如何做大明天。」

### 失業莫失意・媒婆提親的啟示

在一個僻靜的村子裡，住著三位年齡分別是二十歲、三十歲、四十歲的單身漢。這三位單身漢除了年齡不同，其他各方面條件都差不多，經濟上一貧如洗，也都沒有讀過多少書。他們三人都渴望娶個媳婦，過著美好的日子。

一天，能說會道的媒婆來到村子，她從東家串到西家，了解三位單身漢的情況，然後為他們提親。她首先趕到二十歲單身漢的家裡，對他說明來意。二十歲的單身漢聽說後，立刻喜笑顏開地問道：「姑娘是哪裡人？長得怎麼樣？讀過書嗎？家庭條件如何？」媒婆富有經驗，不慌不忙地介紹姑娘的情況。沒想到，年輕單身漢聽完後，突然晴轉多雲，眉頭緊鎖，不滿意地說：「不行，這樣的姑娘我不同意。」他很乾脆地拒絕了親事。

媒婆見他回絕親事，轉身趕到三十歲單身漢家裡，對他說明提親的事。三十歲的單身漢現實得多，不過還是對姑娘的情況比較在意，詢問道：「她是否離過婚？智力健全嗎？會不會做家事？可以生孩子嗎？」媒婆針對這些問題做了一番介紹。三十歲的單身漢聽完，面露不悅，猶豫著說：「我考慮考慮再說。」

媒婆見多識廣，覺得三十歲的單身漢也不大看好這門親事，又急忙趕到四十歲單身漢家裡，向他介紹姑娘的情況。四十歲單身漢熱情地接待媒婆，不等媒婆把話說完，急不可待地問了一句：「什麼時候可以結婚？」

德國工程師路德維希・比爾寇說：行動不是狀態，而是過程。

## 當家做自己・不要在等待中荒廢了青春歲月

1. 單身漢的不同反應，讓人們看到他們對待現實生活的不同態度，四十歲的單身漢不假思索答應親事，因為他經歷過二十歲、三十歲，他很可能像二十歲、三十歲的單身漢一樣，曾經滿懷夢想，希望未來可以遇到一位更漂亮、條件更好的姑娘，他在等待中荒廢青春歲月。所以懂得抓住今天，把今天的事情做好，比起幻想明天更可行。

2. 經營生意，重在做好今天，而不是如何去幻想明天。今天是基礎，今天做好了，明天自然會做大。

3. 做好今天，要有危機意識，防止更大損失。

## 職場一片天・莫貪大貪快，船小好掉頭

記得摘麥穗的故事嗎？蘇格拉底讓學生在麥田摘一株最大的麥穗，結果學生在地裡挑來挑去，到了盡頭什麼也沒有摘到，兩手空空。在商場上，很多人也會犯這一毛病，他們幻想未來，一心想著明天如何如何，卻不肯下力氣做好今天的事，結果到頭來竹籃打水一場空。

企業經營，應該從現實出發，確實做好今天的事，今天做好，也就會有美好的明天。

### 1. 做好今天，應該堅持信念，既有長遠眼光，又要懂得權衡眼前利弊

在生意初始階段，如果生意比較順利，一定要貫徹這樣的理念：先做強再做大。穩定鞏固自己的事業，形成一定規模，切不可貪快貪大，盲目擴張。「創業容易守業難」，市場變化莫測，稍有不慎，就會慘遭淘汰。

「速度」時代，很多人沾染上「短視」毛病，一味強調升級、擴張，認為這樣就達到做大企業的目的。然而經營猶如萬丈高樓，沒有地基的樓房，是無法蓋得高的。

不要貪大貪快，還有一個好處，企業較小，靈活機動，如果遇到不順，可以「船小好掉頭」，防止更大損失。這裡提醒投資十萬美元以下的創業者，如果開局不利，沒有機會扭轉局面，應該立刻考慮退出專案，及時撤資，進行新的規劃。

## 2. 做好今天，要有危機意識，將問題消滅的萌芽狀態

史蒂文・芬克說：「企業家都應當像認識到死亡和納稅難以避免一樣，必須為危機做好計劃：知道自己準備好之後的力量，才能與命運周旋。」有了危機意識，才會具備快速反應的能力。百事可樂的飲料罐中發現注射器。人們對此非常不滿，指責聲此起彼伏。面對挫折，百事可樂公司迅速採取措施，向公眾演示飲料生產流程，讓大眾看到任何異物都不可能在生產過程中加進包裝罐裡。這一切可行的作法讓人們更加信任百事可樂。

經營中隨時隨地都會發生問題，沒有危機意識，缺乏隨機應變的能力，就不可能解決問題。問題一個個堆積，最終會拖垮企業。海爾總裁張瑞敏說：「海爾注重問題管理而非危機管理模式，就是把企業出現的任何危機問題消滅在萌芽階段。」隨著創業步伐加快，企業不斷擴大，會遇到越來越多問題，比如市場飽和、經營危機、管理跟不上、信用危機等，如果不能及時發現問題，並把它們消滅在萌芽狀態，某一環節稍有失誤，都可能將整個公司拖入

危機。

### 3. 做好今天，應該善於抓住機會，不斷創新

日本新首富柳井正經營的UNIQLO，用十年時間打基礎，將品牌打響，實現飛躍騰達。他就是利用九〇年代日本長達六年的經濟蕭條期，適時地推出適應大眾口味的休閒服飾襯衫、牛仔褲等。抓住各種機會，從前輩、同行、客戶那裡吸取經驗教訓，努力做好每件事，協助儲備人才、市場等各種有價值的東西。

當然，創業離不開創新，努力做好今天也需要不斷創新，不斷進取。做好今天並不意味著不求進步，相反，價值觀會決定企業能走多遠。如果以財富累積為企業目的，企業的價值觀，那麼這種企業不能走得遠；所以做好今天，還要有長遠的價值觀，將創業最終目的定位為社會、為顧客、為員工服務，這種高層的境界是最具競爭力的核心。

總之一句話，創業是從無到有，從有到大的過程，實現這一目標非常不容易，無論走到哪一步，做到什麼程度，都要謹記「富不過三代」的古訓，不要放鬆思維、懈怠做事，應該把精力放在努力做事上，如此一來，從失業、再就業，直到創業的辛勤，才具有意義。

國家圖書館出版品預行編目資料

從格子間到掌櫃／吳璜著.
第一版——臺北市：老樹創意出版；
紅螞蟻圖書發行，2013.1
面 ； 公分. ——（New Century；49）

ISBN 978-986-6297-39-7（平裝）

1.職場成功法 2.創業

494.35 101026134

New Century 49
從格子間到掌櫃
作 者／吳璜
美術構成／上承文化
校 對／楊安妮、鍾佳穎
發 行 人／賴秀珍
總 編 輯／何南輝
出 版／老樹創意出版中心
發 行／紅螞蟻圖書有限公司
地 址／台北市內湖區舊宗路二段121巷19號（紅螞蟻資訊大樓）
網 站／www.e-redant.com
郵撥帳號／1604621-1 紅螞蟻圖書有限公司
電 話／(02)2795-3656（代表號）
傳 真／(02)2795-4100
法律顧問／許晏賓律師
印 刷 廠／卡樂彩色製版印刷有限公司
出版日期／2013年 1月 第一版第一刷

定價 280 元 港幣 93 元

ISBN 978-986-6297-39-7 Printed in Taiwan